金商道

The positive thinker sees the invisible, feels the intangible,
and achieves the impossible.

惟正向思考者，能察於未見，感於無形，達於人所不能。 —— 佚名

齊藤孝浩——著 林瓊華——譯

ユニクロ対ZARA

UNIQLO 和 ZARA 的熱銷學

修訂版

時尚亂世的生存之道

Mr.布雷蕭
時尚觀察家、專欄作家

早在本書首刷時，我就已經忍不住購買拜讀。

簡單的說，誰的衣櫃裡面沒有一件UNIQLO以及ZARA的單品呢？問題就在於，這個「誰沒有呢？」就是一個極其困難的事；如何讓自己的設計與產品滲透到每一個消費者的衣櫃當中，而且讓消費者對品牌產生信賴與認同，這中間的學問可不小！

時尚的速度越來越快，推陳出新的速度也讓人越來越咋舌，品牌的潮起潮落我們都看在眼裡，有些能站穩腳步，有些是顫顫巍巍；還有些則是曇花一現，在瞬息間就被潮流淹沒。而UNIQLO與ZARA就是兩個山頭，各據一方，在時尚亂世中，開疆闢地創立自己的一方王國（其實這王國雄偉得很！）。身為消費者，只能從外行的熱鬧看起、從自己消費的感受說起。ZARA與UNIQLO分別扮演著一動一靜、一快一慢、一個勇往直前披荊斬棘，一個固守城池鞏固勢力；我們能在ZARA購買到最貼近時尚潮流元素的單品（他們進新品的速度可是超乎想像），在UNIQLO盡情選購經典、實穿、好穿、極易搭配的時尚基本款，和所有高端品牌混搭也都絲毫不見突兀。

這本書則是由內行的門道切入，有條不紊地為我們分析兩個品牌的異同，還有他們的成功祕訣。先從品牌的核心精神介紹，說明兩個品牌如何用他們的「經營哲學與理念」改變時尚界，進而拿下一席之地。接下來從品牌的經營模式與定位告訴我們「尋找自己的定位」與「鎖定核心客群」的重要性，再來第三章則更深入在展店部分做鉅細靡遺地說明，讓我們知道開店哲學、物流學問。第四章是深入淺出地闡述企業在「風險」上的管理和操作，第五章與第六章則是由數字理解兩個品牌，進而探討在每一波的消費模式轉變之下，目前電商和線上消費的崛起，會對於這兩個品牌會有什麼樣的影響，又或者是能開創出什麼樣的新局（這也是改版的增補之處）。

看完此書其實我蠻驚訝，作者對於兩個品牌的認識可以如此之深，有許多看起來比較硬的知識和數據，他卻能使用平易近人的筆法讓我們清楚明白品牌的經營、走勢或者是與其他競牌相較之下的箇中玄機。對於喜歡品牌，想要了解品牌的朋友，這絕對是本好書；對於有心想要經營自有品牌，尋找品牌定位與top-down流程的朋友，更是不能錯過的必讀之作。

任憑瞬息萬變，永遠站在浪頭

李佑群
國際時尚大師，時尚雜誌總編輯

在閱讀這本書內容的時候，腦海快速地閃過了這些年和「快時尚」為伍的各種畫面，有工作時的，也有日常中的點滴，「快時尚」的演進，彷彿一部零售服裝業現代史的縮影，原來它已經完全滲透進我們的生活。

二〇〇二年我還住東京的時候，幾乎每個週末都會走進UNIQLO看看新上架的單品，朋友也經常拜託我從日本寄給他們喜歡的大衣，那時是快時尚開始走進我們日常的濫觴。二〇〇八年H&M進駐銀座好不風光，為了搶購聯名商品大排長龍的景象，至今依然歷歷在目，各大快時尚品牌在那個時候爆炸性地飛快成長，印有它們品牌名字的標籤，迅速占據了你我的衣櫃，那是我剛剛獨立成立公司的時候。

十年河東，H&M日本第一號店的銀座店，於二〇一八年夏天正式宣布閉店了，Forever 21亦在二〇一九年九月宣告破產，我發現身邊二十多歲的年輕人，比起走進快時尚的實體店舖，開始更熱衷沈浸在電商購物的快樂中。

在電商競爭如此白熱化，快時尚急速冷卻的新時代，卻有兩支品牌始終屹立不搖。

UNIQLO以及ZARA，營收都能維持穩定成長，從我們從事時尚產業的角度來看，還真有些特立獨行。

我突然想起二〇〇九年在東京訪問現任迅銷集團副總裁勝田幸宏先生時，他對我說的話。他跟我說：「李先生，如果在報導中描述我們品牌的時候，請不要只說『快時尚』好嗎？UNIQLO想要成為『Life Wear』，真正走入每個人生活成為必需品，也只有這樣才能長久。」接著他又說，他們的目標之一是營收超越GAP。

現在回想，兩件事他們都做到了。

這十多年間，我經常接受到來自日本直接的委託，處理許多UNIQLO大大小小的行銷專案，包括台灣第一間旗艦店廣告的顧問、網路宣傳片的製作、《UNIQLOOKS》全球城市街拍專案等等，在與這個品牌工作的過程中，我能明確感受它們的與眾不同，那種不同，從銷售、陳列、廣告、行銷策略中都能窺見端倪，會成為「日本第一」，我一點都不意外。

ZARA也一樣，二〇一一年正式進軍台灣，在台北一〇一開設第一間店時，我有幸參與了開幕盛況，並在過幾天訪問了當時的英德斯集團（INDITEX）CCO Jesus Echevarria Hernandez。他也說：「我不認為我們只是『Fast Fashion』，我們不只有完整的物流控管，我們更注意與消費者之間的互動，倒不如稱我們為『Accuracy Fashion』（正確的流行）更恰當。」

的確，只有快，充其量只能成就成衣界的速食或外送品牌，UNIQLO與ZARA之所以能夠抵抗住服裝零售業瞬息萬變的浪潮，甚至一直站在浪頭，絕對有值得我們觀察與學習之處。開心的是，齊藤孝浩先生的這本書都幫我們完整剖析了。

不僅是正在或有心從事時尚、服裝產業的人應該要看，兩大品牌的熱銷學涵蓋了零售、電商、行銷、創業、經營管理的所有面向，應該說，如果我們想多了解這個時代，都應該好好拜讀。

不只是速度

袁青
資深時尚觀察家

競速的時代，速度等於效率，幾乎等同成功的方程式。為了創造利潤，資本市場都想「把一做成一〇〇〇。」挾著全球化、年輕化和網路化的社會潮流影響，「Fast Fashion」（快時尚）成為時尚界的一種現象，而且席捲全球。甚至有一個新詞「McFashion」來解釋這個新興時尚風潮；取自McDonald's麥當勞的前兩個字母MC——意指，「時尚像麥當勞一樣被販售。」

究竟要多快？又有多快？所謂快時尚，特色就是一味地求快，不論追隨當季潮流，新品到貨的速度，櫥窗陳列變換的頻率，大幅縮短流行汰換週期的目的，就是讓消費者儘可能地購買更多衣服。

電腦科技改變了整個流程，零售商從設計、生產到裝運產品比較傳統時裝產業約五週時間，快時尚平均在二至四週即可完成。ZARA是唯一一家能在十五天內將流行款式配送到全球八百多個店面的連鎖服裝品牌。從一九七四年創始以來，平均每週推出五百餘款新商品，每年上架至少將近四萬件不同款式的時髦服飾，ZARA滿足消費者以低廉價格即時嚐同樣掌握「時間」關鍵的日本UNIQLO「優衣庫」也贏在產銷整合供應鏈的垂直化，堅持快速且少量多樣化的策略，強化消費者對品牌的黏著度，一舉顛覆了日常基本款服飾的常理。

快時尚顯然補足了傳統服飾業在速度、價格與流行感的不足，不受季節限制，擷取當下趨勢，滿足顧客取得最前線流行的快感。過去，連鎖時裝品牌的定義是大眾化，如今這股快時尚旋風，追求跟得上流行之餘，還要平價。

UNIQLO與ZARA在服飾連鎖業裡，都是價格親民的品牌。差別在日本的UNIQLO主打機能性高、不太受流行風潮限制的基本款，滿足人們基本需求的便宜兼顧質感。反之，ZARA則強調設計師品牌的時尚感。兩家看起來截然不同的風格走向，但都掌握了快時尚的一個共通點，SPA（Specialty store retailer of Private label Apparel）高度整合商品設計、生產、物流、銷售等產業環節的一體化，並且快速回應顧客反應，立即調整訂單與供貨的商業模式，搶的還是時效。

但若觀察UNIQLO、ZARA成功背後，品牌掌握人性反省和貧富差距化而強力輸出的一種「價值觀」也功不可沒。服裝是表達生活方式的態度……尤其是ZARA將過往僅存少數精品金字塔富裕者的時尚權利，透過速度和量化的販售，讓普羅人眾能即時享有Style；至於UNIQLO則以「服適人生」為標語，致力提供簡單、品質和耐用的基本款服飾，鼓勵追求一種簡約、環保、克制的生活價值。

時尚產業，大部分也反映了全球經濟問題。社會運動學者提醒，「快」不是免費的；接踵而來的第三世界的勞力生產、棉紡織的環保污染、甚至過度挑動的消費欲望，或許都是「快時尚」正要面對逐漸發酵的後遺症。雖然，UNIQLO、ZARA相信：「每天改善，是平凡到卓越的唯一方法」，但，終究「快」也是要付出代價的。

修訂版序

二〇一四年本書初版上市之際，正是日本「快時尚」最熱的時候。

那時候時尚雜誌、當紅電視節目、SNS（社群網路），討論度最高的幾乎都是關於優衣庫（UNIQLO）、GAP、ZARA、H&M這些價格親民又兼具流行、有高CP值❶的平價服裝搭配話題。

快時尚在日本爆發，要從二〇〇八年H&M進軍日本說起。十多年後的今天，快時尚爆發性的成長已超乎預期，這些服飾也成了人們衣櫥裡一定會有的「國民服裝」。

快時尚大量崛起，不過各大品牌之間的優勝劣敗可說是涇渭分明。GAP旗下的「OLD NAVY」在日本風光展店五十三家，最後全面撤店；泡沫化最嚴重的Forever 21原宿店❷也關門大吉，陸續還有許多快時尚品牌陷入苦戰。不過另一方面，優衣庫和ZARA的營收卻能保持穩定成長。兩大品牌都具全球規模，銷售及利潤每年平均都以二位數成長，持續穩居世界級時尚產業的勝利組。

日本快時尚進入成熟期的同時，在市場趨勢的引導下，優衣庫轉攻電

❶ 性價比（price performance ratio，或譯價格效能），日本稱成本效益比。指性能和價格的比例，也就是我們常說的CP值。

❷ Forever 21美國快時尚零售商，在電商風潮的挑戰下，營運重挫、瀕臨破產邊緣，已宣布關閉全球40個國家的門市。

商，以中國為中心布局亞洲市場，並以其為核心成長動能。

擁有優衣庫這隻金雞母的迅銷集團（Fast Retailing）在二〇一六年的年銷售額也超越GAP，躍居世界前三大服飾零售業。

以世界第一為目標的優衣庫，持續按穩健的銷售及利潤成長的策略前進。而二〇〇九年以來，穩居世界零售服飾龍頭ZARA的母公司西班牙英德斯集團（Inditex），就更不用說了。

二〇一七年優衣庫啟動「有明計畫」，宣示大幅修正企業體質為目標。二〇一四年筆者為撰寫本書，遠赴西班牙ZARA本部採訪，深切了解到優衣庫與ZARA的營運策略極為相似，但這樣的概念不能視作優衣庫只是在見習而已。自詡以世界第一為目標的優衣庫，一如以往從成功典範中學習並不斷突破，向龍頭ZARA學習也是理所當然的。

本書要探討「日本第一的優衣庫」與「世界第一的ZARA」在顧客端與市場端的操作策略，從這兩大企業的營運方針來剖析整個零售服飾市場。

作為成衣庫存優化的專家，從筆者的觀點來看，大部分做為民生消費及零售產品的「固定商品」，與季節、流行更替衍生出的「季節性．潮流型商品」在產品管理上，有著相當程度的差別。

總的來說，優衣庫作為日本企業仍有全球性規模的成長，在與世界級企業競爭的同時，還保有不斷進步的姿態。優衣庫的成功模式可說是在地零售商進軍世界的參考指引。

另外，書中附錄的圖表皆有載明數據出處，是以各家企業的財務報表為依據繪製而成。為編撰修訂成書，本書中企業財報皆有更新，迅銷集團更新至二〇一七年八月，英德斯集團則至二〇一八年一月。

若讀者能從本書論述的商業模式中理解連結全球市場的各個脈絡，無疑是本書莫大的榮幸。

前言 這堂優衣庫 vs. ZARA的經營課

齊藤孝浩

優衣庫（UNIQLO）與ZARA在服飾連鎖業裡，都是價格親民的知名品牌。相信讀者都至少曾經踏入店內逛過一次，甚至實際購買過他們的服裝。優衣庫擁有發熱衣（HEAT TECH）及輕盈涼感衣（AIRism）等系列商品，機能性高、基本款商品的形象強烈。ZARA則有如百貨公司設計師品牌，時尚感強大。兩家看起來截然不同的企業，其實有一個共通點，他們採用的商業模式都是SPA（Specialty store retailer of Private label Apparel，服飾製造零售業），自行企畫製造商品、在自家門市直接銷售給消費者。

這種將製造與銷售垂直整合、巧妙運用的商業手法，使得優衣庫成功顛覆了日本基本款休閒服裝的常理，ZARA也因此為全球流行時裝引進的新遊戲規則。兩家企業各自的創新之舉深受顧客喜愛，優衣庫甚至拿下日本服裝連鎖業第一把交椅，至於主打ZARA品牌的西班牙英德斯（Inditex）集團至今仍穩坐全球時裝業龍頭。

事實上，股票市場也相當看好這兩家企業的業績及後勢，股價確實水漲船高。

二〇一八年富比士富豪排行榜，優衣庫創辦人兼企業主的柳井正為日本排名第二（全球第五十五名）的企業家，而ZARA創辦人兼企業主阿曼西歐．奧爾特加（Amancio Ortega）則是歐洲排名第二（全球第六名）的企業家。

雖然這兩個品牌同樣是做服飾生意，也在銷售時雙雙採用SPA連鎖模式，但無論是創業故事、行銷策略、展店成長策略、供應鏈及物流策略、門市經營及人才運用策略，乃至經營者的思考模式，這兩個品牌呈現戲劇性的對比手法，都讓他們在許多面向展現出時裝產業裡的獨特姿態。舉例來說：

- 優衣庫鎖定廣而淺的客層——ZARA鎖定窄而深的客層
- 優衣庫致力提升基本款的品質——ZARA淬煉最新時尚的供應速度
- 優衣庫在中國製造，從日本壯大——ZARA以西班牙本國為製造重鎮，開拓全球市場
- 優衣庫苦心降低成本以達低價——ZARA重視速度成功避開跌價
- 優衣庫投資廣告宣傳、吸引顧客上門——ZARA從不打廣告、精心打造門市

兩者的差異是不是令人驚訝呢？

本書除了針對時裝消費剖析顧客滿意度及時裝業的關鍵面，也把論述聚焦在兩個品牌的創新手法，思考未來時裝消費及時裝業將面臨的風險管理問題。

我曾在貿易公司從事全球性的服飾採購工作，也曾在服飾專賣店累積實務經驗，包含

連鎖店的營運，也曾自行創業，目前擔任時裝產業的顧問，擅長時裝公司的門市存貨最適化，以及人才培訓等工作。

長期以來，我秉持著專業角度，觀察這兩個品牌的門市與動態，如今藉著撰寫本書的機會，重新彙整過去一切有關優衣庫為人所知的公開資訊，並同時進行相關人物的採訪。另一方面，ZARA的相關資料在日本並不多見，為了增進本書的可看性，我不僅鑽研了相關書籍及商學院的論文，實際走訪門市定點觀察，也特地遠赴英德斯集團位於西班牙的加利西亞自治區（Galiza）、拉科魯尼亞鎮（La Coruña）的企業總部採訪。

二位偉大的創業家無疑都將在時裝產業名留青史，衷心希望本書能讓讀者感受到二位的創業熱忱，並成為你在全球化時代中的經營靈感，這是我寫這本書的目的。

第3章 展店策略與門市營運

第5章 用數字認識這兩家企業

——優衣庫的「零售業」體質，ZARA的「製造業」體質

第6章 時裝業的未來

——優衣庫的「松竹梅分級策略」，ZARA的「產品組合手法」

UNIQLO

第 1 章

兩個品牌，兩位創業家

時裝產業遊戲規則從此改變

VS ZARA

1 優衣庫改寫品質與價格的老規矩

眾所周知，優衣庫是日本最大的服飾連鎖店，營業額在日本第一的服裝公司迅銷集團中營收占比大約八二%。自從一九八四年在廣島市開了一號店之後，優衣庫已經成為足以代表日本的時裝店品牌。截至二〇一七年八月，光是日本國內就有八百三十一家門市，年營業額八千一百〇七億日圓（約合台幣二千二百多億元），同時也在海外十七個國家展店，並擁有一千〇八十九家門市，年營業額七千〇八十一億日圓元（約合台幣一千九百七十多億元）。如果計入日本境內的門市，迅銷已在全球十八個國家設有一千九百二十家門市，年營業額共計一兆五千一百八十九億日圓（約合台幣四千多億元）。

二十一世紀初，二〇〇七年八月結算期，優

1984年，「優衣庫」在廣島市開設的一號店。

衣庫已經擁有七百八十七家門市，年營業額達到四千四百一十六億日圓（約合台幣一千一百一十二億多元），短短十多年，門市數量已經在全球衝到二．四倍，營業額也成長到三．四倍。每年平均增加一〇〇家、一千〇七十七億日圓營收，相當於營業額以年成長率一三％的步調持續成長。

優衣庫急速成長，繼而在日本長年盤踞第一，箇中緣由，我想從它創業時期開始談起。

誕生於獨立設計師品牌店熱潮，一出手便讓人跌破眼鏡

優衣庫推出一號店是在一九八四年，日本正值泡沫經濟白熱化階段，服裝業也同時來到DC品牌店的極盛時期❸，無論在都市的百貨公司或時裝大樓，就算服飾商品單價再高，都能秒殺完售。之後，泡沫經濟持續，受惠於日圓升值及義大利時尚舶來品熱潮，時尚界普遍信仰「商品越貴越好賣」這樣的教條。

優衣庫創辦人柳井正大學畢業後在佳世客（JUSCO，現為永旺集團，AEON）的門市工作將近一年，之後回到山口縣宇部市接手父親的西裝店與休閒服裝店。繼承家業的第十二年，柳井正（時任迅銷集團會長兼社長）在每年拜訪歐美國家採購商品與市場調查的習慣養成下，無意中見識當地大學的合作社，以及急速成長的休閒服連鎖店的自助式銷售，因而從中獲得靈感。

❸ 獨立設計師品牌店日語為 DC ブランド（DC brand），為 designercharacter brand 略稱，非指特定品牌，為個性品牌服飾的總稱，本書通稱：DC 品牌店。

包含自己的家業在內，當時的時裝銷售主要靠著銷售員賣力推銷，主力還是每個季節頂多光顧一、二次的客人。對此，柳井正內心有了疑問，任何人都能輕鬆踏入店裡，自由選購商品，買完回家，沒有心理負擔，就像書店與唱片行這種歐美風格自助式銷售形態的服飾店，歐美行得通，難道日本做不來嗎？

為了實現創意，優衣庫（當時稱UNIQUE．CLOTHING．WAREHOUSE）在廣島市中心的巷內開設了一號店。開賣首日清早便大排長龍，柳井正直覺自己的方向對了，成立二號店時，他鎖定西裝連鎖店或家電量販店林立的郊區路邊，並開始進行大量展店計畫。

優衣庫奉行不悖的特色與守則

優衣庫從創業期到一九九〇年代的特色有：

①不分性別、不分年齡，目標客群廣大。

②主打一千日圓（約合台幣二百五十七元）、一千九百日圓（約合台幣四百八十八元）的低價休閒服市場。

③尋求郊區路邊為店面用地。

④以自助式銷售形態的連鎖店模式為主軸，不斷擴張門市。

以上幾點，做法都與當時的時裝專賣店或休閒服裝店完全背道而馳。

一九九四年，優衣庫在廣島證券交易所上市後，更追加以下三項守則，至今仍奉行不悖：

⑤明亮整齊、一塵不染的賣場。

⑥避免廣告商品缺貨。

⑦三個月以內無條件接受退換貨。

短期間能夠擴展這麼多家門市，憑藉的是門市標準化，才能以低成本成功展店，同時也因為執行上要求徹底遵循手冊規範，店內塑造成即便不是特別喜愛服飾產品的員工，或是還在學習待客之道的新進人員，人人都能上手的經營環境。

除了優衣庫，日本也陸續開始出現類似風格的服飾店，然而，優衣庫首開風氣，其先驅地位無庸置疑。

「逆向操作」客層與價格

雖說優衣庫在日本是先驅者，但若把要素一個個拆開來看，就能發現他們做的事情絕非創舉。

在歐美已有GAP、Limited Stores、next等休閒服裝連鎖業的原型，優衣庫的門市標準化，是參考研究美國連鎖店、已故的管理諮詢大師渥美俊一的連鎖店理論。至於門市的大量展店，則導入西服連鎖店青山商事（青山洋服）或鞋業チヨダ（Chiyoda）等早已行之有年的方式，與大和房屋工業合作在郊區路邊尋找門市。優衣庫便是**不斷從海內外的流通業界前例中「吸取精華」，重新排列組合，巧妙地把這些最佳實務（best practice）運用在休閒服裝連鎖店**。

從整體架構來看，當初優衣庫主張的「一反業界常態的逆向操作」中，致勝關鍵正是**客層策略及價格策略**。

在客層方面，服飾業一般以性別、年齡、喜好等條件鎖定目標市場，以利品牌開發或進貨。優衣庫則致力於開拓不分男女老少的基本款商品，廣納購買客層。中性休閒服的品項，吸引到的不只男性客人，連女性都願意掏錢，銷售數量自然比專賣男性或女性的

●1990年代之前的優衣庫＝零售業

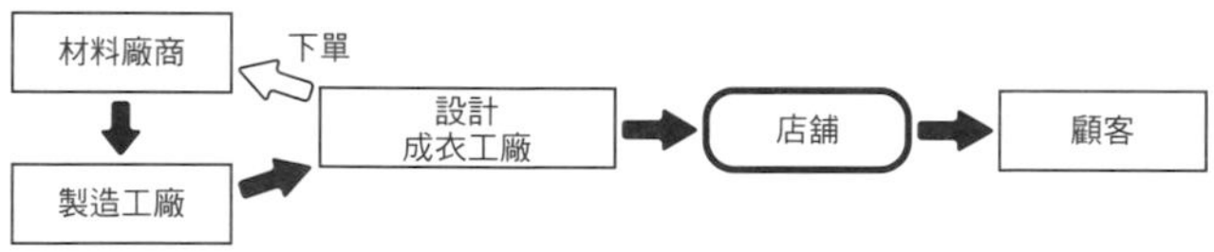

●2000年後的優衣庫＝SPA

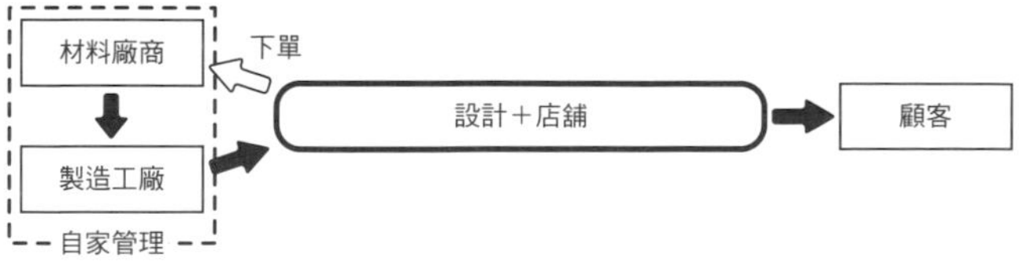

服裝店還要好。

價格策略方面，正當泡沫經濟時期，業界人人想賣高價，優衣庫卻寧可鎖定在連學生、主婦任誰都能輕易出手購買的一千日圓或一千九百日圓的低價位，此舉自然吸引大量顧客。

這兩個關鍵要素發揮加乘效果，提高集客力，帶來現金流，也加快了投資門市的回收速度。比起以往經營的西裝生意或高價休閒服裝這類商品週轉率低的品項，優衣庫低價休閒服的來客數與銷售量都大幅提高。

柳井正自認當時挖到「金礦」一點也不為過，因為大量客人入店消費，帶來商品的高週轉率與現金流，而銷售量增加，更使得暢銷商品資訊成為具可信度的統計數據。

帶來成功的三個關鍵

優衣庫對二十一世紀的偉大貢獻，就是收回原先由進貨商負責的商品管理權，藉由自己管理，顛覆了基本款休閒服飾在價格與品質上的常理。「品質÷價格＝價值」說的就是優衣庫，優衣庫努力維持低價並提高商品品質，如此一來顧客得到的價值感（value）就會相對提升。

一九九八年開始的刷毛衣料熱潮，以及進軍原宿展店，讓優衣庫一夕成名。品質創新的兩個關鍵，是同時期導入ＡＢＣ改革（all better change）及二〇〇〇年徹底落實自有品牌（private brand，簡稱ＰＢ）。在落實ＰＢ方面，優衣庫把旗下所有商品百分之百收歸己有（貼上UNIQLO商標），導入從銷售到企畫一切自家包辦的機制。

至於ＡＢＣ改革，構想來自當年從伊藤忠商社挖角過來的澤田貴司（現為日本全家總裁），他提議參考7-ELEVEn的營運模式，並接受7-ELEVEn前高階主管大久保恆夫的指導，而形成ＡＢＣ的基礎。以下介紹優衣庫如何靠這三個關鍵做法邁向成功。

①藉由篩選，徹底做好社內管理

優衣庫的商品政策、供應鏈管理之所以能成功，關鍵在於徹底的篩選。雖然身處服飾業界，卻不刻意鑽研流行時裝，而是**專心開發不分季節、任誰穿都好看的休閒服基本款商品**。

事實上，就算在時尚敏銳度高的精品店，基本款商品也都是穩定貢獻每季營收將近三成的「衣食父母」。優衣庫正是希望自己成為主打基本款、徹底做出差異化的服飾連鎖店。

其次，優衣庫也使用休閒服飾連鎖店的方式，針對各個服裝種類，在交叉比率（毛利率×週轉率）最高，亦即在貢獻度最高的價格裡，篩選出價格點（Price Point，以下簡稱「價位」）。

所謂價位，就是門市最多存貨座落的最密集價格區間，典型的例子是襯衫這類上衣商品的標價「一千九百日圓」。過去在一九九〇年代，量販店的服飾賣場或休閒服連鎖店對手，把一千九百日圓訂為最低價格時，優衣庫猶有過之，更集中於這個價位，獨占了低價位連鎖店的市場地位（關於價位，第二章第四節的「價格政策」有詳細說明）。

一千九百日圓這個價格之所以能達成大量銷售，原因有二個：一為前述藉由篩選商品，減少品項而擴大每一種商品的生產量。二為篩選協力廠商，透過SPA（即製造商零售模式）徹底改造供應鏈。

在本階段，優衣庫把以往每季四百件款式縮減到一百件款式，再將每件款式的訂單量增加一倍，之後將協力廠商從一百四十家精簡到四十家。目的是拉高每家廠商的下單總量能，讓每件款式的訂單量一律平均維持在幾十萬張以上。透過篩選，讓自己在談價格時更有籌碼，就算沒有自己的工廠，在優衣庫主導之下，成本管理及生產管理也變得更為順利。

再者，為了提高品質，以往是從製造商或貿易公司派技術指導員到工廠，現在則是自家包起來做（匠工程）❹，專注於品質管理。

②花一年時間備料，以一週為單位調整製造與銷售

優衣庫從原料階段開始管控供應鏈，雖然商品企畫實際在一年前開跑，不過

❹ 籌組自家品牌的紡織工匠團隊

輔以一週為單位，進行仔細的製造銷售調整以及成本管理，也提升了商品企畫的精確度。

優衣庫在製造層面也十分完善，他們會與廠商直接交涉，在紡線、布料、成衣這三個階段進行下單管理，到對成衣下單的最後一關，都會依據每週的銷售業績，詳細、縝密地重新解讀需求，或追加、或停產。

優衣庫在管理上的態度鉅細靡遺，所有款式、顏色、尺寸，都讓每一個SKU（Stock Keeping Unit，獨立庫存管理單位，即最小的庫存單位）規畫屬於自己的一週銷售計畫，再進入生產階段。

商品入店上架之後，優衣庫會開始分析銷售業績是否偏離每週的銷售計畫，若無法達成計畫目標，就靠夾報廣告單發動限時降價等促銷活動。當促銷帶動業績，達到當初所設定目標、回到計畫正軌的商品就調回原有的正常售價。另一方面，超越業績目標的暢銷商品就追加生產；相反，商品若是「扶不起的阿斗」便馬上停產。優衣庫的計畫是花一年的時間一邊擬訂策略，同時視每週情況調整製造與銷售，彼此搭配完成的（細節將會在第四章第二節另做說明）。

③把店長培養成「經營者」的教育訓練體系

一九九〇年代能夠一口氣開張這麼多間門市，歸功於標準化的業務操作守則。但另一方面也因為過度依賴業務操作守則，造成店長只會一味等待上級指示、店員也無法發揮獨立判斷能力。這套系統至此面臨效益極限及危機，於是優衣庫決心針對個別門市的成長，全面改變經營方針。

自家的客人自己找，自家的商品自己選，「像一個經營者的店長」正是優衣庫的培訓方向。具體來說，像是折廣告單夾報、商品庫存的維持基準，都交由各店店長自己思考，授予店長反覆進行假設與求證的權限與責任，以求業務上的改善與精進。

至於支援店長的部門，是優衣庫參考7-ELEVEn的門市經營指導員（OFC）制度而來，把日本全國區分為區塊（block）與區域（area），並在各個區域設置過去曾任優秀店長的區域經理（supervisor）做為教育部門。他們不只針對門市給予建議、協助業務改善、也輔佐新手店長讓店內事務上軌道（參見第三章第五節）。

2　柳井正的經營哲學

迅銷的經營目標，如同該公司公諸於世的口號「改變服裝、改變常理、改變社會」。成為世界第一的時裝連鎖店。一九九一年公司更名為迅銷，公開宣稱三年後要達成一百家門市，並計畫股票上市，此後入社的每位員工都曾當面聽過柳井正不厭其煩一再講述公司願景：「總有一天我們會成為世界第一的服飾連鎖店」。

柳井正除了是優衣庫的創辦人，目前也是迅銷集團的會長兼社長，本章節將針對過去柳井正的發言以及幾位前優衣庫員工的分享，剖析柳井正的經營手法與思考模式。

迅銷集團創辦人，柳井正。

經營不能從過去和現在起算，要從未來倒推回來

迅銷的中期目標是二〇二〇年達成集團年營收三兆日圓（約合台幣八千多億元），他們的經營態度是正面預設未來將有高度成長，並以此為目標，積極跨越。

正因如此，**迅銷的經營態度不是從過去與現在開始起算，而是預現未來的高度成長，再從遠處倒推回來。**

一般在隔年的年度計畫擬訂前，會先評估近期的業績，絕大多數的時裝公司會參考去年的數字，計算過後才開始擬訂。但是，依此方式所定出來的計畫，常讓既有門市設定的營業額若非持平就是微增，加上新店開張只帶來不到一〇%的額外成長，這樣的水準，別說公司內部提不起幹勁，也無法突破與創新。

如果不設訂一個必須改變做法才有機會達成的高遠目標，人是不會努力的，也不會改變作風，想當然，人才也會停止成長。若無法培育人才，公司的成長也就無望了。

對此，在柳井正率領之下的迅銷，一路走來總是公開宣布高遠的中長期目標、並針對今年、明年、後年清楚告知有哪些具體的目標應該要執行，實際邀請現場員工也要一起動腦思考，逐步實踐設定的目標。這些行動造就了優衣庫的成功，可以說一點也不誇張。

自從一九九一年宣布：三年內每年展店三十家、超過一百家就股票上市，迅銷同樣用逆推回來的經營手法，以高遠目標搭配中長期計畫，讓公司極速成長。近期在二〇一二年終於達成集團年營收正式突破一兆日圓（比目標晚了兩年）。

這些員工回憶，當初才剛踏入公司就不斷聽到「要成為世界第一」的目標，然而每天朝著目標努力，當親眼看見公司達成難以置信的大幅成長時，都開始相信，迅銷所談論的目標就算看似夢幻，靠自己和團隊的實力絕對可以辦得到。

「即知即行」的柳井正，靈感從何而來？

柳井先生是出了名的書蟲，常閱讀商業書籍或是經營者所寫的書，只要覺得有道理的地方，就會實際應用在事業上，當做經營的靈感。他也在自己書中透露自己是彼得・杜拉克及松下幸之助的書迷。他認為閱讀是一種站在作者肩膀上看世界的方法，在公司內部總是熱情推薦可以汲取經營靈感的海內外企業家著作，或是介紹不同業界成功範例的好書。

日本服裝界的市場規模一年比一年縮小，也被不少人視為衰退產業之一，但過去曾在迅銷服務的員工說，柳井正對此總是懷抱著正向思考，認為「根本沒有這回事。只要不受業界傳統做法束縛，憑前所未有的新創意加上努力去做，絕對還有許多可以發揮的空間」。柳井正最常在跳脫既有產業思維的異業實務範例中得到靈感，「一個讓人拍手叫好的提案，有沒有執行，會變成兩種結果。」據說求知欲旺盛的他至今仍不斷從書中獲取靈感，再循著靈感向下挖掘更多靈感，永遠在思考這些知識能不能用來改善自己的公司。

從事零售業的人都有一樣的想法：只要可行馬上會去嘗試。零售業的好處之一是，客人上門的每一天，都是「成果發表日」。好的方法可以繼續，差的方法需要改變，真的不行就捨棄。說穿了，只要挫敗像是付款期限內可以解決的問題、還在可承受範圍內，就嘉勉自己「失敗為成功之母」。閱讀，能幫助我們在面對上述艱辛挑戰時，得到解決的方法。

緊盯每一個「顧客接觸點」

即便是大公司創辦人，也不可能總是把生意顧得面面俱到。經營者在顧「現場」時是有技巧的。

我曾訪問過去在柳井正身邊、長年一起共事的核心員工，柳井正平時最常待在哪裡？經營上最關心什麼事？他告訴我，是**顧客接觸點**。也就是說，舉凡客人會看到的商品、賣場、廣告，他絕對事必躬親，親眼看過、認可了才會下定論。

我記得柳井正在自傳《成功一日可以丟棄》中有一句令人印象深刻的標題：「廣告單是寫給客人的情書」。

> 廣告單是「寫給客人的情書」，用這個角度來看比較容易理解。既然是情書，就不能不理解客人的立場、揣測客人的心理，使客人心動。否則客人又如何願意在讀完廣告單之後，大老遠跑到店裡來。所以我們應該寫出一封讓人看了會滿心期待想要走進店裡的情書。不這麼做，客人是絕對不會上門的。
>
> （柳井正著《成功一日可以丟棄》）

這是一個關於廣告單的故事，傳達的訊息可以感受到柳井正對於顧客接觸點的要求與堅持（從銷售策略的角度來看，傳單的廣告方式對優衣庫來說也具有重大意義。細節請參閱第二章第五節）。

店長決定零售店的生死

柳井正在《成功一日可以丟棄》這本書的末尾，介紹了自己最喜歡的一句話：「**商店為顧客而生，與店員共榮，與店主人共存亡。**」據說這是實際掛在會長辦公室的標語。筆者過去曾從事零售業，深感這句話的精準，的確一語道破零售業的本質。

商店當然是為了顧客而存在，店員則是每天努力想辦法回應顧客的人，如果店員所在的商店環境無法讓人才（經營者）進步，商店本身的成長也會跟著停擺。因此商店最後是生是死，全憑掌舵的店長或社長怎麼運作。這真是一句簡潔有力、一針見血的標語。

這句話不只是柳井正送給每一位店長的錦囊妙語，也可以說是他寫給自己的戒律。警惕自己，就算是立下崇高的目標，也不得讓自己有機會誤入歧途，使員工努力及心血化為烏有。只是這強烈的使命與責任感，或許也成了他遲遲無法選出後繼者的理由之一。

3—ZARA不斷產出「流行時裝」的祕密

ZARA是營業額世界第一的服裝企業**英德斯集團**（Inditex Group）旗下的服飾連鎖店，占集團年營收比重約六五%。就單一品牌來看，該品牌在時裝連鎖業界緊跟H&M，排名全球第二。

自從一九七五年在西班牙的加利西亞自治區拉科魯尼亞鎮開設一號店之後，截至二〇一七年一月結算期，全球合計在九十四國共開設了二千一百一十八家門市，年營業額達到二兆二千四百三十七億日圓（約合台幣六千二百六十多億元）。一九九七年進軍日本，當時與在DC品牌店擁有優勢的成衣製造商BIGI合資，到了二〇〇五年西班牙總部將股票全數買下，成為百分之百子公司。二〇一八年一月已在日本擁有九十八家門市。

邁入二十一世紀之際，ZARA完成上市。在上市前夕的二〇〇八年一月結算期就已經展店一千三百六十一家，年營收八千四百五十六億日圓（約合台幣二千三百六十多億元）的ZARA，在之後十年裡，展店速度成長一．六倍，年營收成長二．六倍。可以看出每年平均拓展八十九家門市，每年平均增加一千三百九十八億日圓（約合台幣三百九十多億元）營收，相當於營收以每年一〇%的複合成長率（本書之後統一簡稱CAGR）在攀升。

ＺＡＲＡ是以歐洲時尚風格（European mode）為主軸，銷售廉價流行時裝的跨國時裝連鎖店。引進日本後則是從新宿、涉谷、銀座出發，主要選在市中心的商店街或在郊區購物中心展店。中午過後，是熱愛打扮的家庭主婦來店時段，一到傍晚，便由下班的粉領族接手消費，賣場內一點也不寂寞。

ＺＡＲＡ做的是來得快、退得也快的流行時裝生意，如何能持續快速成長的理由，我試著歸納出以下這些因素。

西班牙的加利西亞自治區拉科魯尼亞鎮上的ZARA一號店至今仍在營業。

從倒閉危機中悟出前所未有的商業模式

ＺＡＲＡ創始於一九七五年。阿曼西歐．奧爾特加（Amancio Ortega，現為英德斯集團最大股東，持有該集團六〇％股票，董事成員之一）最初是在位於西班牙西側的加利西亞自治區拉科魯尼亞鎮的鬧區，經營一家名為高亞（ＧＯＡ）的成衣製造公司，專門製造浴袍及女用貼身內衣褲，ＺＡＲＡ是其零售事業。

創業的時代背景是佛朗哥獨裁政權崩壞的一九七五年，隨著民主的起步，女性開始在社會上嶄露頭角，對於外出服裝的時尚需求也日漸增高。

因緣際會進入零售業

在此之前，奧爾特加經營的製造公司擁有一支自己的設計團隊，做的是採購布料、車縫成衣再批發出去的生意，唯獨零售業是他從來沒有碰過的。將奧爾特加推入零售事業的時空因素如下：

其一，他為德國某家批發商製作的商品突然遭到全數退訂，滿倉庫的成品若無法兌換成現金，資金週轉會越來越吃緊，公司已經面臨倒閉的生死關頭。被取消訂單的庫存商品，其他批發商興趣缺缺，逼不得已只好在人生的十字路口下了決定，自己開設一家零售商店，直接賣給消費者。所幸商品大賣，在直接面對消費者的零售世界裡，奧爾特加初嚐甜頭。

接著，在奧爾特加前往西班牙最大連鎖百貨公司英格列斯（El Corte Inglés）談生意時發生了一件事。根據從許多女性那兒聽來的一些想法以及街上的觀察，奧爾特加自詡洞悉時下女性正需要的商品，信心滿滿前往提案，沒想到這家百貨公司的採購人員全然不顧市場趨勢，提出與其相異的商品需求，令他大失所望。

遇見突如其來大量退訂的批發商，又碰上完全不懂市場的百貨業採購人員。他對市場悉心觀察，理解得越多越是覺得焦躁難安，於是做了人生的重大決定：既然如此，也無須在自己跟消費者中間找橋樑了，乾脆自己來擔任直接銷售的人。

諸多因緣引發開店動機，他在自家公司設計的商品以外，也加入些許外部進貨的商品，正式開設的這家店就叫做ZARA。

只生產門市上架的量

毫無疑問，女性最關注的顯然是設計師孕育出來的歐洲時尚風格，但奧爾特加最初得到的生意靈感，除了設計師創造出的流行之外，**更重要的是必須回到街上細心觀察女性的實際穿著**。街頭的衣著風格，使他明白帶入恰如其分的流行元素能夠更吸引消費者，當然，也因為百貨公司的高價位讓多數女性下不了手，他看出適切穩定的價位才是市場所在。

因此，他運用原先在拉科魯尼亞鎮近郊因批發生意而設的八座自家工廠與設計團隊，開始實施新營運方式：**店內上架的商品只做足最低需求量，其餘等看了顧客反應之後再來追加**。

只生產門市上架所需商品量的想法來自過往被取消訂單，

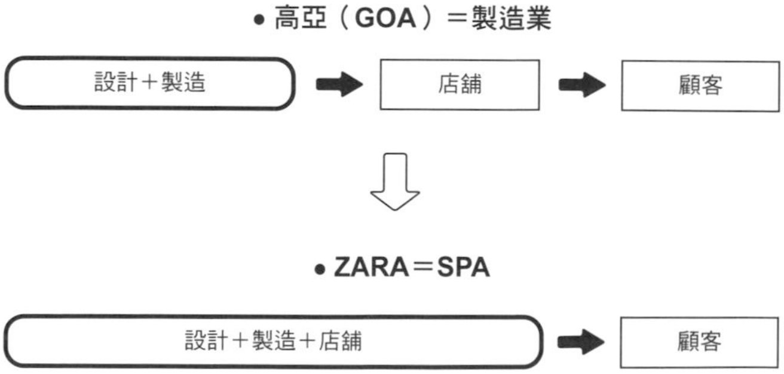

滿坑滿谷的庫存成品不知何時完售、令他痛徹心扉的恐懼感。他們從一開始就有辦法做到少量生產，正是因為團隊的前身正是能夠全盤掌控供應鏈的製造商，不但擁有設計能力、能搜尋布料，且在自家工廠生產完畢還能包辦配銷。

原本就有製造業的功能，再加上能與消費者直接面對面的門市，垂直整合之後所形成的SPA模式，便是ZARA的雛型。

不是「賣已經做好的商品」，而是「做客人想買的商品」

在此之前的歐洲時尚風格，以及時裝產業的常態一直都是設計師做自己想做的東西，客人引頸期盼商品問世之後走入店內購買。

ZARA的概念則是，想知道顧客到底

時裝業的流通模式

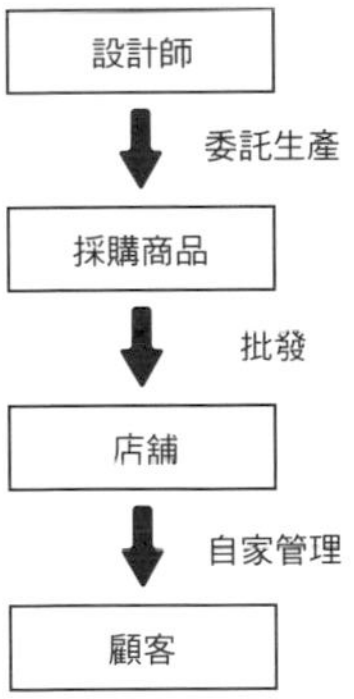

設計師賣自己想做的東西
週期：6個月

ZARA的流通模式

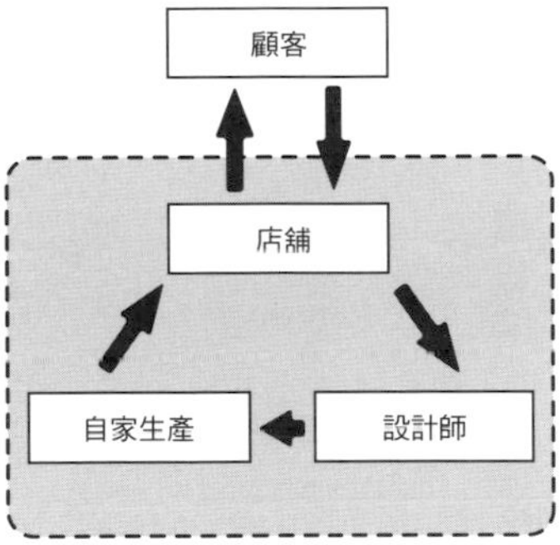

觀察顧客、傾聽心聲，做出客人想要的東西
週期：2個月準備期（首次提案商品的備料及生產）
當季追加訂單：只需3週（追加到貨的商品）

ZARA vs. 舊有時裝業模式

要什麼，得讓商品先進店上架。在門市觀察掌握客人喜好之後，再來配合需求追加訂單，這確實也有其道理。

在既有的時裝業中，商品從設計到上架需要半年之久，因此一個季節頂多只能跑一次商品週期就結束了。對此，ＺＡＲＡ的做法是，首次提案商品的備料及生產雖然需要兩個月，但因為設計與製造已經內製化的優勢，讓他們在觀察店內新商品的賣相與顧客的反應之後，能夠針對顧客要的商品馬上追加到貨。因為追加到貨的週期平均只要三週，每進入一個新的季節，ＺＡＲＡ都能操做到三次的商品週轉，每一次週轉又再繼續提升商品企畫的命中率。

對季節過程中的快速營運，英德斯集團的公關部門強調：「媒體稱我們為快時尚，但我們實際做的事並非一味求快（不光是單純加快工作流程）。我們是藉由早一刻回應顧客需求，來提高需求預測的準確度。」

在負擔最低限度的庫存時，若能提高當季的需求準確度，就無須降價求售來清倉，Ｚ**ＡＲＡ就是能在販售之初直接訂出最佳售價，不必抬高訂價預先在價格上轉嫁跌價損失。**如此一來，感覺買得划算的客人維持購買意願，讓ＺＡＲＡ門市得以不斷擺上新商品。**ＺＡＲＡ因為這樣的良性循環，顛覆了流行時裝的設計、價值、價格的三方關係，也改寫了速度的定義。**

為了維持這個速度感與需求準度，ＺＡＲＡ的流行時裝商品絕大多數都是在總部西班牙以及鄰國葡萄牙、摩洛哥生產。當世界各地許多連鎖時裝店因重視成本，紛紛移往中國為首的亞洲各國設廠生產時，ZARA從創業至今依舊堅持在西班牙與鄰近諸國生產，再出口到世界各地，這就是它與眾不同的地方。

4—ZARA老闆奧爾特加的經營理念

ZARA的老闆奧爾特加從創業以來，商場生涯所秉持的信念可以總結為一句話：

「我想讓全世界的女人都變漂亮。」

為此，ZARA在每一季，以全球女性矚目的歐洲時尚風格為基調，設計流行時裝，並以近在眼前的西班牙、葡萄牙、摩洛哥為製造據點，一路走來都將投資放在如何快速且即時地鋪貨到全球所有門市的系統架構上。

把世界當棋盤，ZARA的全球布局

截至二〇一八年一月為止，ZARA已經在全世界九十四個國家展店，創業至今的四十年之中，也就是說，從一九八八年開始，大約有三十年的海外展店歷程，可以說是ZARA的國際擴張史。

左頁的ZARA版圖，取自英德斯公司公關部所提供的內部資料。

ZARA在一九九七年進駐東京，這是距離西班牙最遠的展店城市之一。此外也進駐美國西海岸的舊金山、南半球則遠至布宜諾斯艾利斯、開普敦、雪梨。版圖遼闊，甚至到達地球的另一端。

這樣的展店實力，明明可以在臨近處多開幾家，他們卻選擇早早起步、特地開在十萬八千里外，甚至將**由西班牙倉庫出貨到這些遠地門市的時間，一律控制在四十八小時內**，基礎建設的完整度令人吃驚。他們的最終目標是在有市場潛力的所有國家都能展店，順序也許不是他們介意的事，但看起來ZARA的展店策略，像是先行在每一個區域進行布局。事實上，他們在各地的展店並**不只是為了銷售商品，獲取當地的時裝**

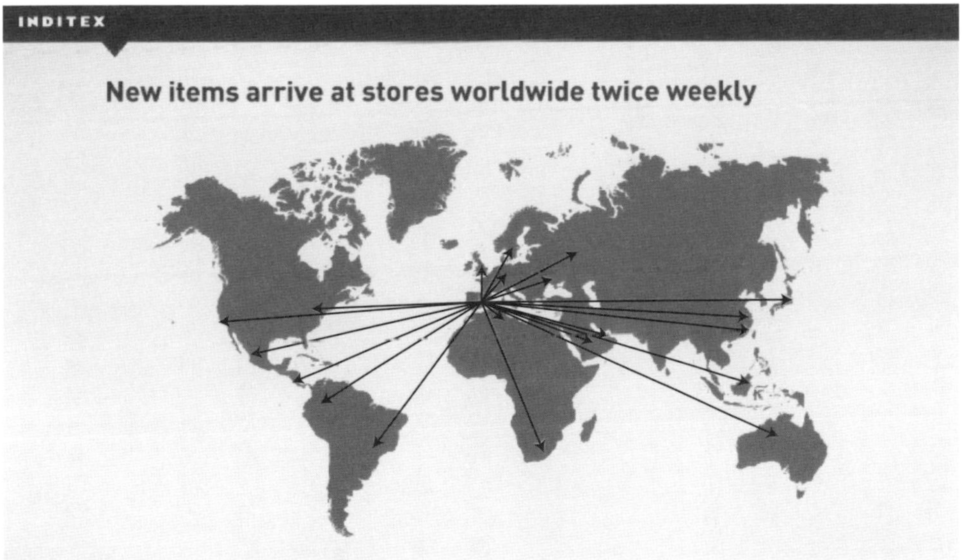
INDITEX
New items arrive at stores worldwide twice weekly

英德斯一律每週配送二次新品到全世界的每一家門市。

資訊也是目的之一。

我們看到，ZARA幾乎已經達成不可能的任務，只要一個城市有機場、有馬路，對他們來說展店是隨時都能辦到的事。

二〇〇一年股票上市後，更加速了英德斯公司全球展店的進度，一般認為，這也是為了打造即時送達全球各地的物流基礎建設。該公司上市之後用籌措的資金及這些基礎建設，在二〇〇〇年前半以「成長（Expansion）」為核心理念，達成年營收成長率二〇%以上的大幅擴張。

接著，從二〇〇五年起改以永續成長（Sustainability）為題，設定進入年成長率一〇%的穩定成長期。照此進度下去，不管在哪個國家展店，ZARA都有穩操勝券的應付實力。

成為「傾聽高手」，保持工作現場溝通管道暢通

奧爾特加總是和基層員工站在一起，重視團隊合作，他在公司也是出了名的傾聽高手。遇到比自己內行的人，他就像海綿一般虛心受教，總是先聽完對方的話才下判斷，除了自己身體力行，在公司內部也鼓勵全體員工成為傾聽高手。

ZARA的供應鏈，是從門市端收到顧客意見那一刻開始運作。總公司的工作就是經常解讀門市的資訊，並且在該季期間週週進行商品改良，然後送達全世界的門市。

ZARA為了維持業務週期，重要資訊一定立即傳達相關人士，接著採取例行會議或簽呈文件等方式進行決策，排除一切可能阻斷工作現場資訊流通與判斷上不必要的障礙。

為了達成目標，ZARA也擴大授權，把必須等待開會才能下判斷的待議事項降到最低。全公司的氛圍完全由上位者帶頭塑造，只要員工一有想法，便能馬上找到同事提供意見，而且當下討論完、當下就執行。

我曾參觀ZARA總公司各部門，發現每一層樓的員工無論職位高低，在這個大房間裡，人人只要抬起頭就能看見同事的臉，圍在一張大桌子旁一起工作。

團隊之中人人平等

據說奧爾特加十分厭惡不必要的階級關係，他喜歡人人平等的團隊。從創業以來從沒有自己的董事長辦公室，每天早上進公司，就坐在ZARA的主力品牌ZARA WOMAN大房間角落的個人座位。無論何時，他總是一身白襯衫配上藍色長褲。

奧爾特加之所以坐在那個位置，是想要親自守護商品製造的過程，親眼看到它盡早送到顧客手中。他的身影最常出現在商品的設計桌旁、工廠以及物流中心。如果剛好遇上正在裝卸貨物，甚至會看見他正捲起袖子幫忙疊貨，或是推著推車一起幹活。不認識他的人，極可能誤以為他只是一個普通的老員工。聽說他就是這麼熱愛待在現場工作，就連午餐也和職員一樣，都在員工餐廳解決。

雖然奧爾特加有時會發問，有時也會因被徵詢意見而做答，但從未聽過公司的日常業務有哪一件事只能仰仗奧爾特加裁示、否則就無法推動的例子。對於現場人員的判斷，他從不插手，只有在問題涉及業務經營層面時才出手。他總是一邊冷靜地聆聽對方，一邊整理問題，然後定出解決之道。不僅如此，據說他連男裝、童裝，旗下其他品牌的商品或營運也從未出手干涉。

他們採用接力式的經營手法，以門市獲取到的資訊做為起跑線，交給下一棒做出商品，再到下一棒回饋給顧客。公司授權風氣旺盛，人人都被要求設身處地為下一個接工作的對方著想，思考我要如何做才能讓對方更好做事。據說他也會對位居管理職的員工諄諄教誨：經理的工作不是對底下人評分，而是去教導他，提供協助。

不管缺了誰，工作依然可以持續進行

重要的是，要意識到「自己一個人無法成事」。這需要很多自我覺察，包括不靠個人喜惡來做決策；理性判斷這個決定真的對顧客好嗎；成功時絕不居功；永遠把團體利益擺在個人之上。據了解，這不僅是奧爾特加常掛在嘴邊要員工努力的方向，也是他對

英德斯創辦人，阿曼西歐・奧爾特加。這是唯一一張公開在媒體上的照片。

自己的期許。

在他的公司裡，不需要魅力型領袖，也不要大牌主角，連英雄都免了。奧爾特加想打造一種團隊，讓他自己或任何人離開崗位時，工作依然能夠進行下去。思考的源頭，是為了不讓從門市出發的顧客需求鏈的週期與步調有機會因人而失衡。

「一隻手接觸工廠，另一隻手一定要接觸客人。」奧爾特加這句名言，曾被刊載於《哈佛商業評論》（*Harvard Business Review*）雜誌上❺。這句話的意思是，自己做的商品，在最後一件賣光之前，都不應該移開我們的視線。這句同時是SPA信奉者需要銘記在心的警語。

奧爾特加因為自己過去嚐過苦頭，被德國的客人倒貨，差一點面臨倒閉，這句話裡可以讀到他對於時裝業的存貨把關嚴謹，除了拒絕非必要的庫存，做出來的商品也要想盡辦法賣完。

奧爾特加不在公開場合露臉的原因

奧爾特加鮮少在公開場合露臉，他的低調人盡皆知。即便在官方公開的那張照片，也是因為當年股票上市所需不得已交出的一張。媒體或股東大會他從不出席。因此，盛傳當他一個人走在街上，就連當地居民也不一

❺ 經查證《哈佛商業評論》英文版原文，https://hbr.org/2004/11/rapid-fire-fulfillment 奧爾特加原話有三句：
Touch the factories and customers with two hands.
Do everything possible to let one hand help the other.
And whatever you do, don't take your eyes off the product until it's sold.
在此作者將其濃縮為一句話。

定認得出。

理由有幾點：其一，奧爾特加避免自身的形象與英德斯集團或ZARA等旗下各品牌的形象重疊。特別是品牌形象，他以門市端為核心來打造品牌，希望外界理解生意的主角不是奧爾特加這位老闆，也非製造者，更不是設計師，而是開開心心進來購物的客人。

他的其他考量是，上了媒體版面就可能帶來頻繁的邀約聚會，如此一來將大幅削減他待在「現場」的時間，那可是他思考顧客與團隊（基層員工）的關鍵場域。再者，隱私一旦被入侵，想在故鄉與家人享受天倫之樂的私人時間都將化為烏有。

隨著股票上市，這張照片被公開之後也引來一些遺憾的小插曲。他提及到機場迎接家人的往事，在股票上市前他都還能走到入境大廳，上市後這張臉已經被記住，只得在車內等待，無法親自接機。

男士襯衫店，加拉（gala）。奧爾特加13歲時在此工作，該店至今仍在拉科魯尼亞鎮營業。

年少歲月經歷，催生ZARA王國

奧爾特加出生於一九三六年，在西班牙卡斯提亞雷昂自治區（León）的老家排行老么，家中共有四個孩子。十三歲時因任職鐵路工人父親的工作，全家搬到目前ZARA總部的拉科魯尼亞鎮上。

一九五〇年，他為了幫助家計，自中學輟學，十三歲進入一家男士襯衫店加拉（gala）開始當店員。少年時期的奧爾特加因為懂得聆聽顧客的聲音，工作三年期間被委以接客銷售的重任。

三年後，他想做更具挑戰性的工作，離職來到哥哥和姊姊受雇的高級布料連鎖店拉瑪哈（La Maja）。他向該公司提議把產品的布料拿來製作成衣，這個新事業方向受到社長認可，公司於是重新分配人手開始布局。

一九六三年，他與在拉瑪哈一起工作的哥哥，以及後來結褵的第一任妻子，當時是公司後輩的裁縫女工梅拉（Rosalía Mera），一起創設了高亞，進軍成衣製造業，專門製造、批發、銷售女用浴袍和貼身內衣褲。他先靠廠商對他的信賴賒來布料，做成衣服再批發出去，每天忙進忙出，從這一頭的布莊到那一頭的工廠，把布料及成衣載上車後穿梭在西班牙的大街小巷。

奧爾特加成立ZARA絕非偶然，在他早年經歷零售業與製造業兩大領域時就已經播種。他過去在襯衫店加拉與客人面對面的銷售經驗，養成他豎耳傾聽顧客心聲的習慣。在拉瑪哈，他歷經一連串的製造程序，包括布料、設計、剪裁、車縫、成衣、批發等。這些歷程，確實一點一滴影響著ZARA自己工廠做、自己店裡賣的事業概念。

兩位創業奇才的異同

優衣庫與ZARA的共通點在於：都是使用SPA、持續不斷進行改善的連鎖店，但其實在更多地方可以看出兩者截然不同。優衣庫的價值主張（value proposition）是用基本款休閒服以提升品質／價格。ZARA的價值主張則是用流行時裝以提升設計／價格。優衣庫因選擇在成本低廉的中國與東南亞製造，在日本銷售而成長；ZARA則堅持在本國西班牙及鄰近諸國生產，進軍國際而擴大版圖。因為經營者的歷練不同，零售業出身的柳井正跟製造業出身的奧爾特加，兩人的思考模式也大不相同。

這兩位世間少有的創業家，各自懷抱初衷打造出的兩個品牌，其商業模式及手法的差異，後面幾個章節有更詳盡的討論。

UNIQLO

第 2 章

品牌策略與商業模式

如果優衣庫是「單品倉庫」，ZARA就是「衣櫥」

VS ZARA

1 目標客群與品牌定位

在探討行銷策略之前，我想先分析優衣庫及ZARA各自的目標客群及市場對他們的期望。

若要用一句話來形容兩大品牌的客群及手法上的差異，那便是**優衣庫不分男女老少、提供大多數人都能穿的基本款休閒服「單品（parts）」；ZARA則在「造型（style）」的提案之下，為職場女性及其家人、男友提供歐洲時尚風格（European mode），也就是流行時裝**。

優衣庫為顧客提供「單品」

迅銷集團在官網上揭示了優衣庫的使命與願景：「**我們永遠以市場最低價格，為大眾提供任何時間、任何地點、任何人都能穿著，時尚感與高品質兼備的基本款休閒服。**」

他們提供顧客的並不是最新穿搭風格，而是簡約設計、不退流行的服裝及貼身衣物（內衣類），幫助顧客針對自身喜愛的風格做自由搭配。簡單來說，它就是一個提供單品的時裝品牌。用另一種角度來看，正因為是不退流行的商品與設計，它的顧客市場也才能廣大。

基本款為時裝商品營收主力

時裝專賣店普遍來說，**①每一季會有新登場的流行時裝商品。不僅如此，還會搭配；②上一季的流行元素、延續到第二季，為大眾所接受的時裝商品。③不為當季流行所動，穿搭必備的基本款商品。**以同時銷售這三種商品來提高營業額。

然而，多數消費者都不是跟流行的人，換季時不會全身上下重買。他們實際會做的是，自由混搭當季的流行商品及基本款商品，然後把它穿在身上。

針對當季流行時裝感興趣而上門的消費者，有時候會同時採買當季的流行款及基本款，但事實上他們也經常撙節流行服裝的預算，選擇只為衣櫥裡的基本款服裝汰舊換新。因此，基本款商品即便在所謂的時裝專賣店裡，長久以來都被定位為確保穩定營收的商品群。

敢於捨棄

優衣庫雖然是服飾專賣店，但能成功，其中一個因素是敢於捨棄。他們避開其他公司需要冒著風險在市場上與人較勁、集貨的①及②這類時尚產品，專注在街頭巷尾都在賣的③基本款商品，把自己定位成基本款商品的專門品牌。此外也納入**④貼身衣物的市場需求**，實用內衣無關時尚品味，是人人都能穿的市場需求。

鎖定在基本款商品或貼身衣物，一來是因為總有基本客群習慣每一季都要重新買過，二來就算誤判了生產量計畫，反正適合穿的顧客市場非常廣闊，加上客人心裡有盤算「搞不好明年還能穿」、「多買幾件沒差，反正一定穿得到」，這類商品因而也具有隨價格策略容易清倉的特性。

優衣庫的目標客群是女性、男性、兒童、嬰幼兒，賣的是不分年齡、只要尺寸合身人人都能穿的休閒服、家居服、貼身衣物（內衣類）。

以下是不同客層的尺寸規格（摘自優衣庫網路商店）：

	（標準尺寸）	**（一部分門市與網路商店有銷售）**
• **女裝**	**S～XL（四種尺寸）**	XS、XXL～3XL（七種尺寸）
• **男裝**	**S～XL（四種尺寸）**	XS、XXL～4XL（八種尺寸）
• **童裝**	**一一〇～一五〇（五種尺寸）**	一〇〇～一六〇（七種尺寸）
• **嬰幼童裝**	**七〇～一一〇（五種尺寸）**	五〇～六〇（七種尺寸）

雖然優衣庫打著「人人都能穿」的口號，但嚴格來說並不包括出生未滿三個月的新生兒，以及尺寸規格無法涵蓋的體型。不過優衣庫大概也是日本國內單一品牌之中，唯一擁有最廣大客層人口，有能力預期大量顧客會來店、甚至購買的品牌。

ＺＡＲＡ用「造型」提案賣流行時裝

另一方面，ＺＡＲＡ則以提供「價格低、週轉率高、媲美百貨公司專櫃品質的流行時裝」為概念。

這裡所提的「流行時裝（trend fashion）」，指的是對全球時裝感興趣的消費者所關注的歐洲時尚風格。正如大家所知，一年有二次，這些奢華品牌的設計師們會在巴黎、米蘭、倫敦、紐約發表服裝作品。

在發表會中，這些設計師所採用的顏色、圖樣、主題、材質、設計的共通點，統稱為時裝趨勢（fashion trend）。

有些女性雖然對設計師服裝興趣盎然，但百貨公司價格昂貴，ＺＡＲＡ正是為了滿足這群預算有限、卻想打扮自己的女性而存在。

以子系列鎖定不同客層

ＺＡＲＡ瞄準的顧客市場，是世界上最在乎品味也願意花錢買時尚的客人——女性上班族。然而，各位若曾經到ＺＡＲＡ買過衣服就知道，ＺＡＲＡ店內有女裝、男裝，也有童裝。商品底下還有許多子系列，每個子系列都有鎖定的客層。

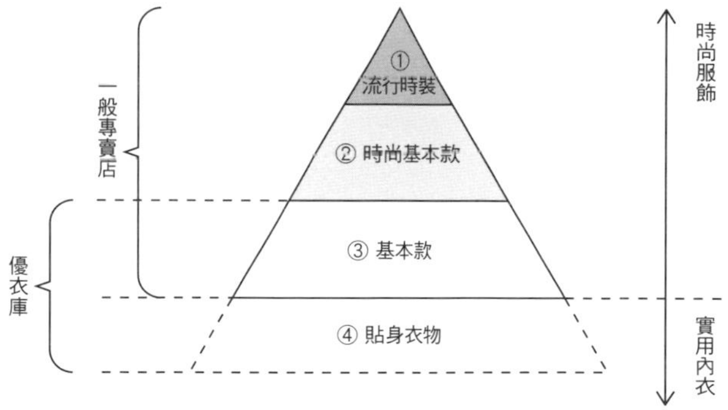

一般時裝專賣店及優衣庫的商品分布

這些子系列鎖定的不同客層，各自如下：

- ZARA WOMAN

→為專業女性（professional women）設計的高品質時裝。

- ZARA BASIC

→為女性上班族設計的簡約時裝。

- ZARA TRF（TRAFALUC）

→為上述兩種粉領族顧客的女兒設計的休閒時裝。

- ZARA MAN

→為男性設計的流行時裝。

- ZARA KIDS

→為小孩設計的休閒時裝。

＊除此還有媽媽系列與嬰幼兒系列。

日常生活每個場合都一應俱全

市中心的門市，一入店最顯眼處就是「ZARA WOMAN」這個象徵ZARA流行時裝精神的子系列，而緊臨在旁的是「ZARA BASIC」。據說從賣場空間配置比重與來店客群來看，光這兩個子系列就占了整間門市將近三分之二的營收比例。

若是設置在近郊購物中心內的門市，還會配合來店客群調整，常見做法例如：「ZARA WOMAN」只進局部商品，或將「ZARA BASIC」、「TRF」兩個子系列擺設在店內最前方。

如先前所言，以女性上班族為主要顧客，雖然乍看之下容易讓人誤會顧客市場十分窄小，但簡單說來，就算都是「ＺＡＲＡ」，實際上購買不同子系列的客人（性別、年齡、生活形態）還是有區隔的。

ＺＡＲＡ為不同的客層提供他們上班要穿的衣服、參加派對穿的宴會服、週末休閒服，乃至於優閒在家穿的針織衫或牛仔褲，可以說是一應俱全。包山包海涵蓋每一種客群在日常生活裡的眾多場面，這也是ＺＡＲＡ在顧客策略上的特色。

優衣庫的「M號」與ＺＡＲＡ的「M號」就是不一樣

如果說優衣庫訴求的概念是「無關年齡，人人都能穿搭的休閒服及貼身衣物」，那麼顧客尋找的，就是貼身不緊身、舒適好穿、有功能性、品質一流又耐洗的商品。因此，優衣庫服裝的尺寸雖然以ＪＩＳ規格（Japanese Industrial Standards）為基準，但為了讓多數人可以穿得下，會刻意做得大一點。

正因為基本款商品不受時裝趨勢左右，因此當不了穿搭的主角。不過向人展現自我的時尚品味並非設計的重點，優衣庫希望的是，客人穿在自己身上能夠感覺「這樣很好」。為了在圖樣與設計方面得到大眾的支持，優衣庫在商品上不搞怪、不標新立異，力求簡約。

為了因應顧客對品質的高度要求，優衣庫不只設定自己的品質基準，更雇用許多深諳布料與車縫技術、經驗老道堪稱裁縫師傅級的員工，藉由工廠的技術指導來提升與維護品質。雖然賣的是不受季節流行影響的設計，但每年優衣庫致力於提升布料的品質、針對服裝的機能性盡力改良研發，不懈的努力廣為世人所知。

另一方面，以辦公室粉領族為主要客層的ZARA，以顧客在職場受矚目為前提，設計訴求是穿在身上看起來很美、有知性，或者向周遭人傳達一種對時裝趨勢很敏銳的訊息。由於流行時尚的元素融合得恰到好處，這樣的設計與品質讓穿著它的人能獲取身邊人的好感並得到自我滿足。和優衣庫相反的是，ZARA的服裝為了讓人看起來更美麗，所以做得服貼緊身，這是ZARA在剪裁上的特色。

ZARA有三百五十位設計師終年觀察世界各大主要城市的時裝趨勢，也捕捉行人們走在街頭的穿著風格。他們雙眼不停注視流行的變化，只為盡早設計出最新時裝並上架銷售，然後回到店裡周而復始地觀察客人對商品的反應，持續不斷來回修正改良，下個章節有詳細說明。

2 賣場空間配置與商品企畫開發

每一間開在百貨公司或買場的優衣庫與ＺＡＲＡ占地面積都很大，也都採用「自助式銷售」模式，讓店內客人自由拿取喜歡的商品試穿與購買。

二〇一七年度的財報顯示，優衣庫每間門市平均在賣場約有二百五十七坪，ＺＡＲＡ則約有三百九十一坪（兩者均為全球門市平均值）。一般來說，進駐市中心的百貨公司或LUMINE（ルミネ）❻、PARCO（パルコ）❼等等車站前賣場大樓（Fashion Building）的品牌專櫃，約為二十坪大小，永旺（イオンモール）❽或LaLaport（ららぽーと）❾之類的購物中心，賣場面積通常是四十坪左右。顯示這兩個品牌的門市在業界之中已是超級規模。

優衣庫把商品分門別類，ＺＡＲＡ提供造型建議

服飾專賣店，特別是連鎖店的賣場規格，大致分為以下兩種類型：

---

❻ LUMINE：日本最大時裝大樓營運企業，以車站型大樓商場為主，對象客群為 25 ～ 30 歲的女性上班族。

❼ PARCO：車站型大樓商場，主要顧客群為 15 ～ 25 歲的年輕學子、社會新鮮人。

❽ 永旺：大型購物超級市場，內有優衣庫、ZARA 等眾多知名服裝品牌進駐。

❾ LaLaport：主要客層為團塊世代第二代 30 ～ 40 歲及其家人，會依地域別而更動客層設定，非購物型超市，內有許多女性愛用品牌進駐。

一種是「**商品分類型賣場**」。就是依外套、襯衫、T恤、褲子等服裝商品分門別類上架。另一種則是「**穿搭示範型賣場**」。為了讓顧客對時裝趨勢一目瞭然，也讓客人更懂得商品該怎麼搭配才好看，同一個陳列架上可以看到有外套、上衣、下著等複數品項的穿搭方式，這是透過組合來展示穿搭方法的上架方式。

優衣庫採用前者的模式，ZARA採用後者。陳列的類型雖有不同，但兩者都是以自助式銷售、員工不會跟在客人身邊亦步亦趨的大前提來經營連鎖店，如此用心全為了方便入店的客人馬上知道商品放哪裡，更容易選購。

優衣庫賣場所依循的商品分類型陳列，優點是原本就清楚自己進來買什麼的客人，像是為了牛仔褲而來的客人，一進店裡馬上就能看見牛仔褲擺放的位置，也因為這一區放著所有牛仔褲商品，客人只要來到這一區就能一次進行比較並決定是否購買。

另一種穿搭示範型的賣場陳列，即便客人只是漫無目的隨意逛逛，在走逛之間也能夠得到最新的流行資訊、欣賞店家的穿搭手法之餘，也經常因為看到喜歡的商品或搭配方式而產生衝動性購買。這種陳列手法還有一個優點，當看到架上某件女用襯衫拿來與自己衣櫥裡也相仿的外套和裙子一起搭配，客人很容易進入穿搭想像的情境，因而放心買下來。

一般來說，商品分類型賣場多用在男性服裝專賣店，穿搭示範型賣場則以女性服裝較常見。那是因為男性商品趕流行的速度並不快，男性的購物行為也多是目的導向。相反地，女性商品則是因為流行瞬息萬變，她們特別容易注意到新款商品與家中擁有的服裝是否搭配得上，因此衝動下手的機率也高出許多。

優衣庫打定主意專賣搭配用的單品，所以賣場以商品類別來陳列。展示流行時裝的ZARA，則採用穿搭示範型賣場。兩者做法不同，其實各有其道理。

優衣庫盡是「進階版」、「有賣點」的基本款商品

優衣庫的商品開發團隊與賣場是連動的，在童裝、女裝、男裝（中性）之下，再以各自細分的外套、下著、襯衫、針織棉T恤（Cut and Sewn）、針織衫（Knit）、配件、貼身衣物等品項，分門別類、環環相扣運作。

依據不同季節（秋冬、春、夏）⑩商品類別的配置比率計畫，首先要決定各團隊負責的賣場面積與層架檯數。再來是訂立計畫，決定該季節顧客需要的穿搭配件要以怎樣的比例配置（Polo衫、牛仔褲等品項）、要賣多少數量才能在各賣場空間中獲得最大營收。

為了在基本款單品做出獨特性，優衣庫思考的是「下一季要選擇什麼樣的話題性商品」。所謂「賣點」（contents），指的是像刷毛（Fleece）這種特殊材質，或發熱衣（Heattech）的機能性，又或者是迪士尼卡通人物這類合作的授權聯名款設計。

雖然它的商品設定是設計出不受流行左右的基本款單品，但要是每一年都做

⑩ 譯註：優衣庫一年分三季，秋冬兩季合在一起。

相同的商品，客人恐怕也會心生厭煩。因此，如何讓顧客真實感受到去年商品的進階改良，一直是商品開發團隊的課題。商品在每季開賣的一年前就開始籌畫，在商品企畫會議中，團隊需要負責說明「明年要賣的商品跟今年賣的有什麼不一樣」。如何透過海內外有聲譽的基本商品研究報告，或是與布料商、賣點協力商的合作，才能提高材料的品質？要添加哪些新機能？都是商品開發負責員工日夜費神思考的問題。優衣庫的商品雖然看似固定卻又能不斷求新求變，是擄獲顧客忠誠度的其中一個原因。

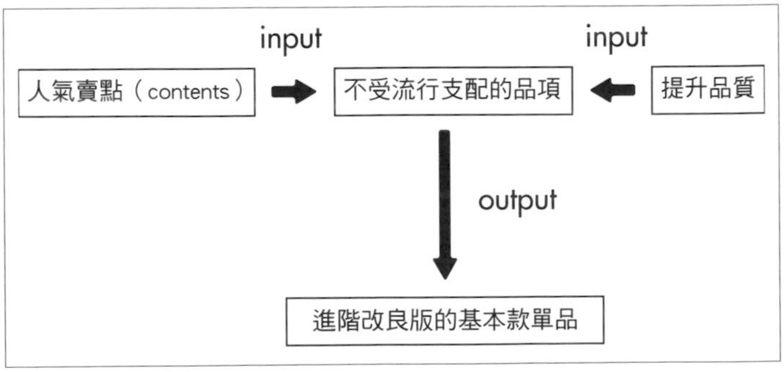

優衣庫的商品開發機制

ZARA造型提案讓多數女性心悅誠服

相較於優衣庫，ZARA因為同時在賣場進行不同主題的穿搭示範，所以在團隊編制時，是把一個商品開發團隊又分成幾支不同子系列的開發隊伍，以小組為單位進行協調與整合。

基本款＋當季流行元素

每一支商品開發隊伍的發想，都不是從單獨的商品開始，而是先從搭配性開始思考。

以此為前提，再依據部門總監所指示的**①季節主題與②流行色彩**，一邊考量如何在**各角落展現高度協調性的③穿搭示範**，一邊進行個別產品的設計。

每一支隊伍負責的題目都不相同，但角落的構成，如下頁圖所示，固定以三種層架（壁面固定式衣架、大型陳列展示桌、活動式衣架桿）為一個單位來呈現。

每一個陳列架的功能如下：

① 壁面固定式衣架

又稱為「系列商品（Collection）」，將潮流風格以外套、上衣、下著來穿搭示範。

② 大張陳列展示桌

將休假時穿的基本款休閒服，以上衣（針織衫或T恤）加下著（牛仔褲、褲裝或裙裝）來呈現。

③ 活動式衣架桿

配合季節需求的穿搭配件（夏天是薄襯衫，冬天是羽絨外套等）。

客人能夠在各個角落看到精選的顏色與圖樣，讓人一眼就能掌握這一季的流行時裝。

① 季節主題　度假勝地等情境

↓

② 流行顏色　白、黑＋流行顏色

↓

③ 穿搭示範　必須用④外套 x 上衣 x 下著 三者互搭來設計

ZARA商品開發流程

舉例來說，如果說壁面陳列櫃區的商品顏色每季一定會推出白或黑等基本色，與它相對的季節流行色，ZARA一季頂多只會推出一個顏色，像是深褐色。而為了使季節主題（度假風、戶外風等）也能讓人一目瞭然，ZARA會把同時間陳列的商品圖樣精簡到架上只放一種豹紋，只篩選出具有代表性的一種圖樣，一個配色。

根據嚴選的色彩與季節主題，展開外套、上衣、下著的穿搭示範。這是非常單純的做法，目的是讓顧客更快明白，他已經擁有的白色或黑色的外套及褲子，這類能穿好幾季的基本款品項，只要配上哪種顏色、哪些圖樣就能讓自己的穿著立刻變得時尚。

總之，並不是提倡要人從頭到腳全部重買。ZARA的賣場，貼心考量如何讓客人輕鬆運用流行時裝的穿搭術，把可以連穿好幾季、比較基本款的商品，拿來搭配這一季才看得到的流行商品，為顧客示範每一季該添購哪些行頭、要怎樣汰舊換新。

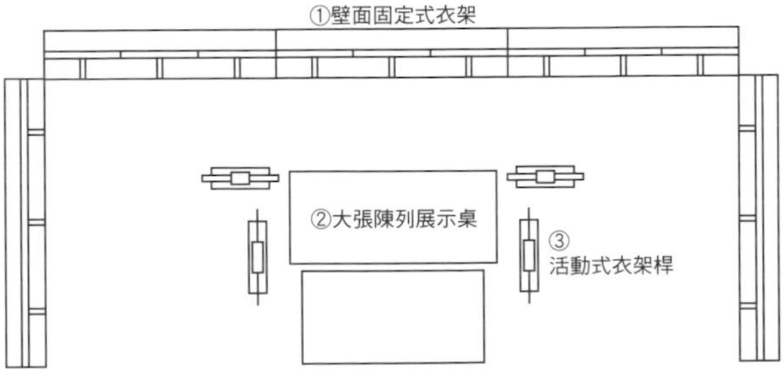

ZARA某一個角落的標準陳列架

用最簡單搭配方式穿出流行感

設計師進行商品設計時，前提是擺在店頭的穿搭示範必須讓人能一眼抓到重點。為此，

ZARA總公司裡頭設有一個與標準門市相同大小的試營運點（Pilot shop，模仿ZARA標準門市的假想門市），在同樣的陳列架上擺放著每一季當時店內實際正在銷售的商品。設計室（design room）裡為了方便想像賣場，也加裝了好幾組與正式門市完全相同的成套陳列架。設計師習慣經常待在這裡尋找靈感，一邊想像如何在店內呈現穿搭，一邊設計商品。

ZARA設計師從事商品開發的工作，是為了讓顧客清楚明白這一季在流行什麼，也為了幫助客人跟上流行，他們腦中所想的，是如何用最簡單的搭配方式穿出流行感。因此，設計師群在平日扮演的角色還有：

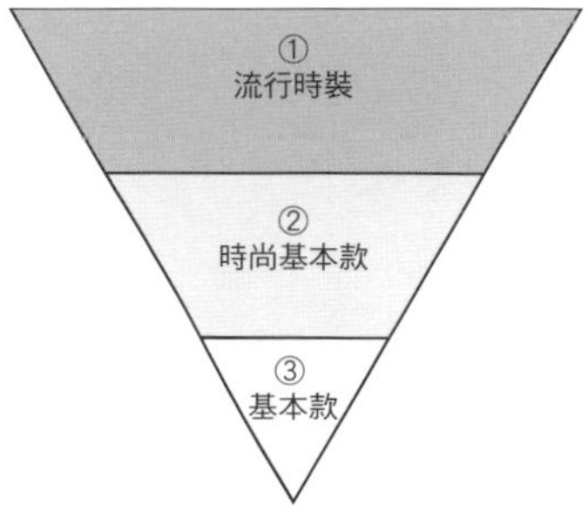

ZARA的企畫分類與商品數示意圖

① 街頭觀察員

觀察大街上穿著時尚的人群，以及主要顧客層的穿著有何變化。

② 業界流行趨勢觀察員

在世界五大流行城市：巴黎、米蘭、倫敦、紐約、東京，收集市面上新一季流行商品資訊。

③ 媒體觀察員

對客人品味具有影響力的時裝秀、雜誌、常在媒體上曝光的時尚教主的穿著，都是觀察對象。

設計師們經常靠著觀察累積能量，為客人提供緊扣流行的顏色、穿搭方式與商品設計。

老想做出暢銷品的日本服飾 vs. 針對造型提案的歐洲服飾

容我說個題外話，日本的服裝公司多數都像優衣庫一樣，是依據商品分類的企畫團隊，多數也都採取以品項為單位的商品開發流程。然而他們秉持的理由與優衣庫卻有所不同。

理由之一，無論是百貨公司或車站大樓的品牌專櫃，原本一個品牌的賣場面積就很小，營收目標有限，也因此在狹小空間只能優先考量該如何以高效能達成營收目標。

就連一些販賣流行時裝的品牌，也比較傾向於專注在孕育出全季靠單一商品就能大賺的暢銷商品，而非提供穿搭示範的建議。優點是較能準確預測出營業額會有多少，

設置於設計室中、與真實商店完全一樣的成套陳列架。

位於ZARA總公司地下室的假想門市（Pilot shop）。

不過單一商品的色系一增加，會造成顧客下手時更迷惑，不同顏色的個別業績也因此不同調，有時甚至還會出現許多滯銷的色系。這在某種層面來說也算是經手負責人一意孤行下的失策。

另一方面，歐洲時裝業的主流做法是站在穿衣人的立場來進行商品開發流程，依據時裝趨勢篩選顏色及針對外套、上衣、下著進行穿搭造型建議。

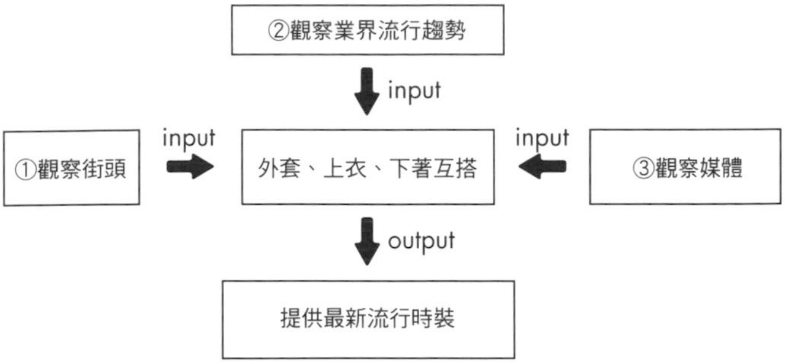
②觀察業界流行趨勢
input
①觀察街頭
input
外套、上衣、下著互搭
input
③觀察媒體
output
提供最新流行時裝

ZARA的商品開發機制

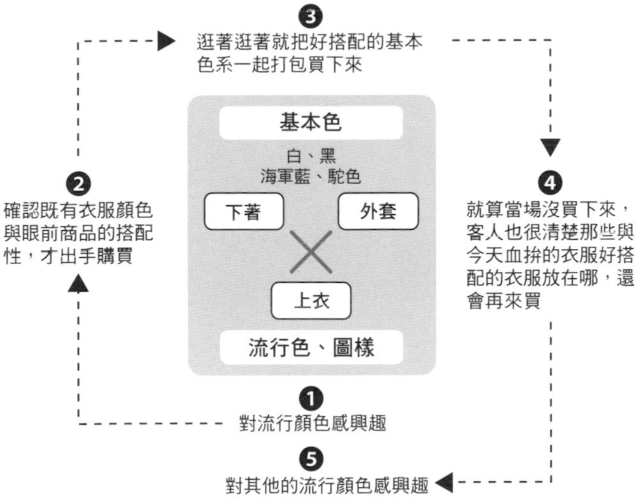
❸
逛著逛著就把好搭配的基本色系一起打包買下來
基本色
白、黑
海軍藍、駝色
下著
外套
上衣
流行色、圖樣
❷
確認既有衣服顏色與眼前商品的搭配性，才出手購買
❹
就算當場沒買下來，客人也很清楚那些與今天血拚的衣服好搭配的衣服放在哪，還會再來買
❶
對流行顏色感興趣
❺
對其他的流行顏色感興趣

歐洲連鎖店的色系分類術

現在即便是日本，ZARA或H&M這類的歐洲連鎖店，也都採用色系分類，在店裡簡單介紹如何穿搭流行時裝。我預測這樣的觀念一旦普及化，日本消費者將會開始揚棄暢銷商品的「品項（item）」觀念，改以「造型（style）」的觀點來重新思考買衣服這件事。因為比起單一品項，造型的建議更簡單易懂且時尚，穿搭失敗率也比較低。

當歐式做法成為主流，或許也將是日本服飾業長久以來的傳統做法面臨改革的時刻。

3 — 門市的銷售週期

時裝業這門生意是為客人提供符合當季潮流的全新商品，服務的對象是隨氣溫變化而更換穿著的消費者。困難的是，**如何在極短的銷售期間內不斷因應流行的興起與消退**。

時裝業的必修課：商品「賞味期限」管理

每當轉換一次季節，氣溫加減改變攝氏十度，足以讓人們從長袖變成短袖、短袖改穿長袖，如此穿穿脫脫，不斷改變裝扮。每當感受到氣溫變化，消費者就會想起自己衣櫥裡的衣服，他們一邊看著專櫃為了配合流行而擺在門市的新造型，一邊思考家裡的衣服跟手上這件商品的搭配性，一步步為自己補充新貨。無情的是，當季節一過、氣溫改變，對於那些沒機會再拿出來穿的衣服，消費者就不會再多看一眼。

消費者對季節商品感興趣的期間只有一季，這也是服裝的保鮮期。具體來說，一年五十二個星期，若以春夏秋冬四個季節來分配，一季相當於有十三週左右（大約三個月）。

消費者通常會出手採買的是馬上能穿以及接下來一個月也都能穿的商品，因此**門市設定的未折扣銷售期間會比一季更短，大約八週（二個月左右）是最普遍的**。商品並非過了保鮮期就真的會腐爛，但從這些做法就能看出流行是「最新鮮的」，這句話所言不假。

準備一年，銷售期只有八週

由於銷售期間稍縱即逝，公司在一年前就開始進行商品化的準備。公司一邊參考時裝業熱烈討論的流行顏色、當季主題、材質等預測流行資訊，一邊來來回回進行商品設計或打樣。接著再與百貨公司或專賣店的採購人員討論，等到商品的顏色、尺寸以及訂單數量定案時，離上架只剩十三至十八週（三至四個月）的時間。

從下訂單到商品真正上架需要這麼久的時間，是因為從原料、紡線、布料、染料到車縫，分頭由許多公司包辦各個不同的製程。

短短八週的銷售期間，背後花了一整年準備。依據數個月之前的流行趨勢預測蒐集而成的本季精選系列，可以說是背水一戰。有些賣得比想像來得好，有些根本推不動。就算在新一季的開始為客人準備了豐富的品項，時間一久賣相也會各自消長，熱銷的人氣商品早早便缺貨，滯銷的依舊乏人問津，這都是業界常聽到的事。

但是就算店內很早就掌握顧客的反應，也下單追加生產，如前面所說，從下單到成品做出來非常耗時。好不容易來到換季的時候，明明有很多客人上門光顧，沒想到店裡不是熱銷商品缺貨，就是堆滿賣不出的滯銷品，客人只得乘興而來敗興而歸，導致店家平白錯失交易的大好機會。

對服飾業的經營來說，**人氣商品缺貨以及滿屋子的滯銷品，永遠是頭號天敵**。

到底什麼是「SPA模式」？

熱銷商品的特徵變化莫測、難以掌控，為了盡可能消解短期決戰的時裝業經營課題，並提供最大價值以滿足消費者，SPA（Specialty store retailer of Private label Apparel：自有品牌服飾專業零售商）應運而生。

SPA，是零售業根據門市資訊，一面預測消費者的需求與變化、一面自行企畫商品，並將眾多參與企業所形成的供應鏈（從原料到產品到送抵消費者手中的所有流程）全數統整，是一套控管商品供給面與銷售面的商業模式。由一九八〇年代美國的The Limited（現在的L Brands）實踐出雛形，一九八七年GAP為它命名，SPA商業模式遂為世人所知。這個名詞在日本則是從紡織專門媒體「纖研新聞社」開始使用而廣為流傳。

全球有許多企業採用這套SPA模式，只不過每個品牌的目標與運用方法有所不同，而為了實現此模式，每家企業的內製化程度也都不一樣。表2-1就是供應鏈在不同程度上的垂直整合、內製化的差異。

優衣庫第一守則：缺貨絕對要避免

優衣庫在五花八門的服裝品項中，將主打商品鎖定在永不退流行的基本款休閒服與貼身衣物。他們的SPA模式，特別致力於每一季需求期間店內一定不能缺貨。

基本款商品，是許多專賣店都會銷售的商品群。雖然它與潮流商品比起來，只是季節的配角，但是**每一季逛到順便買、集中一次購買、汰舊換新買下來的顧客需求經常在發生，其穩定營收是可預期的**。因此，這些基本款商品同時也擁有不少各自懷抱目的、願意特地前來選購的忠實顧客群。

優衣庫既然要主打那樣的基本款商品，自然是背負了任何時候都不能缺貨的使命，絕不能讓那些為了特定商品大老遠跑來一趟的客人空手而回。

優衣庫把季節的標準銷售期間設定為十二週。在這個期間當中，為了不讓基本款商品出現缺貨，**採用的是能穩定供給的選擇與集中策略**。

嚴格控管商品款式銷售數量

首先，既然要專攻基本款商品，就要嚴格控制銷售商品款式的數量。他們針對每一個商品款式都加大生產量。一整年的

2-1　供應鏈的垂直統合、內製化的比較

	商品企畫	原料	紡線	布料	染色	剪裁	車縫	完成	倉儲	配銷	門市
一般的零售業	–	–	–	–	–	–	–	–	–	–	○
日本國內SPA	△	–	–	–	–	–	–	–	○	△	○
優衣庫	○	–	△	△	△	△	△	△	△	△	○
ZARA	○	–	△	△	△	○	△	○	○	△	○

–是委託廠商代製　△是自家管理的外包　○是內製化

商品款式，每家店都一定會上架的全店共通款大約是一千種。從優衣庫一整年的營收與預估平均單價來估算，在商品款式數量的嚴格控制下，每一種款式的生產件數，平均就超過五十萬件。

雖然優衣庫沒有自己的工廠，是委託海外的協力廠商生產，但有合作往來的工廠數量也嚴格控制在七十家左右。H&M大約是七百五十一家，ZARA所屬的英德斯集團整體就有一千八百〇五家合作廠商，與他們相比，優衣庫能控制到這個數量是相當不容易的事。

> 即使商品式樣是自己決定的，如果不派專人到工廠嚴格把關，也絕對無法保證品質。因此，如果有心生產物美價廉的商品，自己的人馬就必須全程投入。仔細思考，道理其實很簡單。但在當時的日本，沒有人這麼做。
>
> （柳井正著《一勝九敗》）

優衣庫在嚴格篩選出來的工廠裡，擁有專用的車縫生產線，同一種商品動輒以數十萬件的規模依計畫大量生產，目標在提升商品品質以及供貨穩定。當零售連鎖業內多數同業都還採取分工，把生產全權交由製造商或貿易公司主導，優衣庫堅持走自己的路，為了客人，堅持做對的事。

為防缺貨，「優衣庫式」的訂單管理

就算是同一種商品要做到幾十萬件之多，優衣庫也並非一次性的下單製做全數的量。基本款商品雖然擁有穩定的需求，但如果不在顏色、尺寸方面做好嚴謹仔細的下單管理，門市極有可能發生客人要的全都缺貨的窘境。

因此，該公司針對訂單的把關分為：紡線、布料、產品三個階段。

① **紡線**……針對生產數十萬件產品所需要的紡線量下單。

② **布料**……針對①的紡線，要用梭織或針織做成布料，下達指示。

③ **產品**……針對門市庫存量下首次訂單；或是針對追加訂單到貨前的短暫空窗期所需的墊檔商品，依不同款式、顏色、尺寸下首次訂單。

像這樣分為三個階段，耗時的工程就能拆成階段性的任務來執行。對於營收上容易出現消長兩極化的顏色與尺寸，則盡可能拖到下單前一刻再下決斷，以迴避風險。

在那之後，根據每週營業額，針對商品追加訂單，有時候也會為了調整而減少訂單。為了避免顏色、尺寸上的缺貨，也為了不在季末造成大量滯銷庫存，每週的判斷都交給商品企畫人員（Merchandiser，簡稱MD）及商品專案人員來負責。

無論何時，ZARA架上永遠都能看到新貨

ZARA採用的SPA模式是永遠在架上擺出最新的時裝商品。

大多數對流行時裝有需求的客人，並非一開始就打定主意要買特定的服裝，他們走進店裡是為了在新的穿搭創意上找到靈感，或是享受新商品帶給他們的新鮮衝擊。一旦發現了直覺很想要的商品，就會「二話不說買下去」。

因此，為了讓客人在ZARA處處感受到刺激、不失去新鮮感，店內週週都有新商品上架。

流行時裝在商品實際上架、看見顧客反應之前，無從得知哪些會大賣、哪些又會賣不出去。所以ZARA把根據預測大膽假設做出來的潮流商品，在季初採多樣少量的策略在店內上架，觀察客人是否感興趣，反應好的商品馬上再製、送達門市。這是基本功，ZARA會不斷重複操作。

為了迅速生產多樣少量的商品，擁有配合度高、有彈性的供應鏈是必備條件。因此，ZARA把原料以外的製程自製化，染色前的布料與鈕扣、拉鍊等副料從一開始就附近的供應商做好準備。流行的顏色一旦決定，馬上進入染布製程為量產做準備，他們打造出一種流程，**讓新商品只需要四週時間，追加商品則最短二週就能送進店裡面，大大縮短設計到商品上架前的時間**。

換季之初，只準備三週的庫存量

ＺＡＲＡ也和優衣庫一樣，將春夏秋冬每一季的銷售期間設定在十二週。如先前所說，設計師以街頭觀察等資訊假設當季的流行重點，初期依據假設最多只準備到該季預定銷售的二五％商品量，總計只有三週可用的銷售數量。

緊接著會再依據實際的銷售數據，以及門市端顧客的反應，將人氣商品的追加訂單與新商品訂單各再生產三週的份量，以補齊不足。ＺＡＲＡ每週有二次，週一跟週五，固定會各自追加五〇％的補貨以及五〇％的新進貨，送進全世界的店裡。

銷售流行時裝的ＺＡＲＡ，**從來不認為需要為了避免人氣商品缺貨而去補貨**。這是因為，潮流商品即便現在大賣，但數週後還能不能賣得好誰也說不準。他們認為若想順應天天來購物的顧客期望，更好的做法是將尺寸齊全的流行商品，不間斷地往店裡送。

結論是，一季的銷售期間雖然設定在十二週，**實際上每一個商品的平均銷售期間只有四週之短**。在ＺＡＲＡ，客人只要在店裡發現喜歡的商品，當下沒有買下來，幾個禮拜之後可能已經賣光再也買不到，取而代之的是不管客人幾時走進店裡，都看得到新鮮、極具魅力的改款商品在架上等著。在ＺＡＲＡ，一年銷售的商品款式約有一萬八千種。

毛衣或T恤這種基本款商品的生產，他們外包（outsourcing）給亞洲的工廠代工。基本款比起流行商品，風險要少很多，因為基本款是靠品質與價格在市場上拼輸贏。

另一方面，ＺＡＲＡ主力的流行時裝商品（占整體數量五〇％以上），其中絕大部分都選在西班牙、葡萄牙、摩洛哥等鄰近總部之處，依據少量多樣的快速生產系統來進行商品化。

為什麼ＺＡＲＡ在尺寸不齊時，就讓商品下架？

在販賣時尚服飾的時候，什麼叫做「讓顧客滿意」？

舉例來說，售貨員笑容可掬、對客人彬彬有禮，的確重要，但是遠比這些還重要的，是另一種終極版的顧客滿意。

那就是店內的**商品、顏色、尺寸的存貨一應俱全，將店內預先整備成當客人想要買就一定買得到的購物環境**。

優衣庫貫徹執行的防範缺貨策略，也是從顧客滿意的政策出發。優衣庫不想讓這些看到夾報廣告而來的顧客，或是心想「優衣庫應該都有吧？」懷抱特定購物目的上門的客人失望。ＺＡＲＡ一週二次推出新品的策略，讓上門客人就算買不到先前的商品，也看得到另一批新鮮的魅力商品等在架上迎接新主人。這種做法只有ＺＡＲＡ才辦得到，像是另類的防範缺貨策略，與優衣庫精神一樣，都為了減低錯失商機的次數，來達成顧客滿意度。

在ＺＡＲＡ有一種習慣，只要一發現某種商品的Ｍ或Ｌ兩種主要尺寸缺貨，該商品就會從店內臨時下架收進倉庫待命，直到尺寸補齊才會重見天日。此舉有兩個理由，一是不讓客人有機會喜歡某件衣服卻找不到自己的尺寸，徒留遺憾。二是避免售貨員為客人找尺寸而白費體力。

門市為客人展示商品，引起其購買欲，最後竟然沒有他的尺寸。這種悲慘的畫面在賣場經常看到。特別是鞋子、褲子等等提供較多尺寸的流行商品，尤其容易發生。

以上談到優衣庫不讓缺貨發生的理由，以及ZARA每週推出新商品的理由，雖然方法不同，但可以確定的是，他們全都運用SPA模式，好讓自己回應那群懷抱期待走進店裡的客人。

4 價格政策

對時裝零售業來說，每季固定、易懂的價格設定也是品牌化（branding）中的一環。這一點對於像優衣庫或ＺＡＲＡ這樣讓顧客在店裡自由走動、選購的自助式商店來說，尤其重要。

「價位」是什麼？品牌界的潛規則

連鎖服飾店每一季在思考價格政策時，首先是依商品類別決定價格帶，意思是先訂好最低價格與最高價格，再從裡面挑出以哪個價格為主力來進行集貨。換句話說，會從決定價位開始進行。

所謂的價位，是品牌或零售連鎖店的集貨與庫存最為集中、出現頻率最高的價格。價位通常會依照外套、襯衫、女用襯衫、裙子、褲子等類別來決定。

只要這個價位維持不變，便能在顧客心中形成一種既定印象，我在這家店只要花這些錢就能買到商品。價位，是來自時裝零售業的價格訊息，也是對顧客的承諾之一。這個價位（存貨占比）與實際上最好賣的價格帶銷售量（銷售占比）如果能夠一致，或許就可以說，品牌的價格政策符合顧客期望，即價格政策的運作處於順暢狀態。

價位若能明確，顧客就能安心。新的一季到來，當人們想要採買新衣，心中若已深植「要是在那家店買，就不用擔心」的印象，就可能被心裡的聲音引導到店裡來。唯有讓客人在店裡不需要一一翻閱吊牌確認價格，他們才能安心、專注地挑選想要的商品。

價位也是價格的基準，所以只要價位明確，就算架上出現價格在基準之上的高附加價值商品，又或者出現更便宜的特價商品，眼前價格與價值的差異，顧客很容易就能理解。只要能減輕客人對價格的不安，自然會定期上門採買。

對零售業自身來說，清楚鎖定價位的好處多多。一般而言，單價與數量呈現反比的關係，一旦拉高價格，勢必減低銷售數量。每一季，透過清楚建立始終如一的價位，可延續零售生意的命脈，**帶來穩定的購買客群及銷售量**。如此一來，就能在已決定的價位上，思考如何提高品質、如何設計出流行商品，集中火力專注在商品本身的差異化。

優衣庫與ZARA的價位比較

優衣庫跟ZARA兩個品牌，都是依據零售連鎖店的原則明確篩選，各商品類別的價位。因此，他們對於成本管理也相當嚴苛。

時裝連鎖店中，也有像這兩個品牌一樣都是採用SPA模式的連鎖店，期望透過大量展店來擴大經營，並藉由強大的議價能力（Buying power）提供便宜的好貨。

除了上述條件，優衣庫及ZARA還有更強大的優勢，他們各自取得配銷的主導權、擁有控制供應鏈的能力，**顛覆了過去市場價格的常理，博得顧客支持**。正因為這樣的體系，使得原本只有高所得、少數消費者才有能力享受商品價格所反映的好品質及設計感，現在用一半的價格甚至更低價就能提供，讓許多消費者開始買得到。

我們來確認一下兩家公司藉由SPA系統，具體採取了什麼樣的價格政策與價位政策。

優衣庫首創「上半身只要一千九百日圓」

關於優衣庫的概念，前面已經介紹過，該公司在官方網站揭示了這幾句話：「我們永遠以市場最低價格，為大眾提供任何時間、任何地點、任何人都能穿著，時尚感與高品質兼備的基本款休閒服。」

要比「市場最低價」，人比人氣死人，永遠也比不完。實際上，銷售價格大致是這麼訂的：①要在大

2-2　優衣庫與ZARA的價格帶與價位

商品種類	優衣庫			ZARA		
	價格區		價位	價格區		價位
	最低	最高		最低	最高	
外套	3,990	5,990	5,990	6,990	17,990	9,990
女用襯衫	1,990	4,990	1,990	4,990	9,990	5,990
針織類	1,990	7,990	2,990	1,990	23,900	5,990
洋裝	1,990	6,990	1,990	5,990	13,900	7,990
長褲	1,990	3,990	2,990	3,990	9,990	5,990
裙子	1,990	3,990	1,990	3,990	13,990	5,990
牛仔褲	2,990	3,990	3,990	4,990	7,990	5,990

註：2014年秋季。優衣庫為未稅價格，ZARA為含稅價格。單位：日圓

眾市場賣得最多、最暢銷；②必須是多數消費者毫不猶豫就能出手的價格；③品質至少能維持一季以上的經久耐洗；④企業要確保能賺到可以永續成長的收益。

具體來說，優衣庫所謂的市場最低價格，**意思是襯衫、女用襯衫等上衣類只要一千九百九十日圓（約合台幣五百五十元）**。

一九九八年刷毛熱潮，幾乎讓全世界都記住他們一千九百日圓的價格。當時牛仔褲連鎖店或量販店服飾賣場之類的大眾休閒服市場，主要是從成衣製造商進貨，平均單價落在二千九百日圓（約合台幣七百四十六元）左右。一千九百日圓充其量，在各家公司只是集貨時的最低價格，是一個用來吸引顧客上門的特別價格，只用在部分商品。在當年各家雖然心裡很清楚一千九百日圓的商品銷售量大、週轉率特別好，但若要從現有的廠商進貨，既要穩定又大量的集貨並不容易。

低價位也有高品質

在那樣的市場之中，**優衣庫搶得先機，早早將多數消費者一秒不多想就能馬上掏錢下手的一千九百日圓價格設定為目標價位**。早在「刷毛一千九百日圓」一舉成名以前，優衣庫就已經靠著篩選商品進行大量下單、大量銷售，透過對消費者徹底宣傳這個價位，每逢週末，一直都是各區域最多客人光顧的店家（優衣庫在一九九〇年代前半，每一個款式達到五萬件的產量，下訂單的數量超越當時連鎖業界的競爭對手十至數十倍）。

「一千九百日圓」功不可沒，這個價格為優衣庫帶來便宜的形象，絕對是成功主因之一。之後優衣庫成為價格領導者，也是市場上的領頭羊，其他公司開始跟進，就連外資低價連鎖服裝也進入日本市場。

過了十年之後的現在，大眾市場的大眾價格基準已經來到一千九百日圓左右，這個市場最低價格的衝擊已成往事。然而優衣庫當初為了讓市場最低價格穩定實踐，採用的議價能力及SPA系統，在維持價格之餘，至今還用來致力於提升商品的品質。

大眾市場上的競爭對手，就算有能力實現一千九百日圓的低價，但品質絕對無人能敵得過優衣庫。換句話說，優衣庫已經將對手遠遠拋在後頭。

在ZARA只要半價就能買到百貨公司的品質

ZARA的品牌概念，是將過往有錢人獨享的歐風流行時裝商品，用低價讓全世界更多消費者都能穿在身上。也就是說，ZARA的目標在於，如何將相當於百貨公司等級、富含設計元素的商品，更便宜、更快速地送到更多人手中。

ZARA自己本身並未具體公開標榜「低價」這件事，但可以肯定的是，他們全球展店的地點都選在百貨公司附近，如此一來可做為百貨公司既有顧客群的另一個選擇，他們把那批沒有太多錢上百貨公司購物但又想穿得好的客人放在心上，致力於如何合理提供人人都認為有設計感又有品質的商品。

雖然是低價，但比起優衣庫設定的一千九百日圓這種在大眾市場絕對性的低價又有所不同。ZARA的低價，被誇讚「真像百貨專櫃」、「充滿流行元素」，是將高品質具設計感的商品用前所未見的價格送到客人眼前，一種「相對性」的低價。

讓人不經大腦思考就掏錢

表2-3是西班牙龍頭百貨公司英格列斯（El Corte Inglés）的自有品牌、國民品牌、ZARA價格的三方比較。表2-4則是進軍日本百貨公司的大型服飾業者，鎖定女性客層為主力的兩個品牌及ZARA三方的價格比較。

從這張比較表格可以看出，ZARA將目標價位設定在展店所在國家百貨專櫃的攔腰半價區間。

為何是半價？這裡頭藏有ZARA的策略。

百貨公司或是時裝大樓在夏、冬季末大特價開跑時，首先一定是主打「三〇%OFF（七折）」。「三〇%OFF」在宣傳上意味比平常便宜，的確有促銷效果，然而此時消費者的購買心理還處在走馬看花的階段，選購時仍是冷靜理智的。

2-3 ZARA、西班牙英格列斯百貨公司自有品牌、國民品牌的價位比較

商品種類	ZARA	ZENDRA（英格列斯自有品牌）	TOMMY HILFIGER（國民品牌）
女用襯衫	29.95	49.95	79.9
針織類	29.95	39.95	129.9
洋裝	39.95	59.95	129.9
長褲	29.95	39.95	99.9
裙子	29.95	39.95	129.9
牛仔褲	29.95	39.95	99.9

註：2014年秋季，作者自行調查。單位：歐元。

當價格一降到「五〇％OFF（半價）」，客人心裡很明白心動的商品如果現在不買一定會後悔，半價成了一種讓人不經大腦思考就掏錢、感到物超所值的價格。

對平均四週就輪換商品的ZARA來說，店內商品高速週轉率絕對是生意的命脈。因此，訂出一個不讓客人猶豫、當場就能拍板定案的價格，顯得重要。ZARA把價位設定在各國百貨公司專櫃的半價，基於顧客購買心理與商品的週轉率，都是合理的考量。

從西班牙與日本的價格比較表中，你或許也意識到，**展店遍布全球九十四國的ZARA，國內與國外的售價是有差異的**。這是因為ZARA將有如「生鮮」般的時裝商品運往海外門市時，不惜成本也要重視速度，使用空運的緣故。只要是歐洲大陸以外的地區，商品全面採用空運。因此，離西班牙越遠，價格越高。

然而，實際上像日本這樣遠離西班牙的國家，價位還能控制在日本當地百貨專櫃售價的一半以內，也只能說ZARA果然不負使命吧！

2-4　日本百貨公司品牌與ZARA的價位比較

商品種類	ZARA	大型服飾業者	
		A公司 品牌 I	B公司 品牌 II
外套	9,990	21,389	31,860
女用襯衫	5,990	12,852	16,740
針織類	5,990	12,852	14,580
洋裝	7,990	21,384	16,740
長褲	5,990	13,932	13,500
裙子	5,990	16,092	13,500
牛仔褲	5,990	18,252	14,580

註：進軍百貨界展店的大型服飾業者主力品牌的最低價格帶，兩家公司都是含稅價格。2014年秋季，作者自行調查。單位：日圓。

5 宣傳策略

最後來思考優衣庫與ZARA的宣傳策略有什麼不同。

許多時裝品牌一想到宣傳，第一波就是在流行雜誌上刊登廣告。絕大部分的時尚愛好者，新一季的開始就會翻閱流行雜誌，從有興趣的報導中獲取各種靈感，透過與朋友的對話彼此確認流行元素，並從雜誌上得到喜歡的店家或品牌資訊。

流行雜誌是依年齡、生活形態，區隔顧客市場。因此，品牌選定自己的目標客群常讀的流行雜誌之後，便可以進行有效的宣傳活動。

另一方面，如果是在郊區設店、以家庭客層為主要目標的連鎖服裝，最常見的做法會是夾報廣告傳單，以訴求低價、符合當季需求的優惠商品，吸引顧客上門。

只要來店購買過一次，店家還會發送顧客集點卡，取得客人住址及郵件信箱等資料之後，每逢新品上市或特價活動又會發送直接郵件（Direct Mail）。近幾年，除了電子報以外，社群網路（SNS）的活用也有逐漸普及的趨勢。

然而，優衣庫與ZARA究竟各自採取什麼樣的宣傳手法？

宣傳的首要目標就是增加來客數

人人都清楚，宣傳最大的目的在於：擴張營業額。提高營業額人人都會說，可是具體該怎麼做呢？下圖的公式與營業額有關，是零售業領域人盡皆知的算式。

如公式所示，構成營業額的要素有：來客數、購買率、平均單價、每人購買件數等等。其中**宣傳活動最大的目標，就是如何突破增加來客數的第一關**。

簡單來說，就是想盡辦法讓新客人認識這家店、踏進這家店，設法讓來過一次的客人提高來店頻率。那麼究竟要使用哪些策略、投注多少成本，提高來店人數呢？在有限成本內又怎麼達到理想目標？這正是宣傳行銷的使命，也就是說，無論如何提高宣傳成本，都必須有等值或最理想的成果。

營業額 ＝ 購買顧客數 × 客單價

購買顧客數 ＝來客數 × 購買率

來客數 ＝ 再度來店顧客 × 來店頻率 ＋ 新客人

客單價 ＝ 平均單價 × 每人購買件數

營業額的公式

優衣庫不間斷夾報派送傳單

在日本，優衣庫一年五十二週，每逢週五固定夾報派送廣告單，告知週五到下週四僅限七天特價的宣傳廣告（二〇一二年夏天之前，是固定週六派送僅限六日兩天特價的廣告單；二〇一六年秋天起改為現行方式）。

大眾市場導向的連鎖服飾業主要尋覓郊區路邊或購物中心設店，絕大多數的公司都以夾報廣告單做為主力攬客手段。**但沒有一間連鎖服裝像優衣庫這樣，一年五十二週、週週風雨無阻夾報派送廣告單**。不但如此，有時優衣庫還會在過年期間或黃金週等可以預見人潮的連假時期，一週發到二次以上的廣告單，所以實際算起來一年派送將近六十次的夾報廣告單。

現在優衣庫雖然採取更為優雅洗練而且全方位的宣傳策略，比方說時尚有質感的電視廣告或雜誌廣告、配合時代的網路行銷、採用社群網路的攬客手法等等，但**該公司直到現在，宣傳的主力仍是夾報廣告單**。早在刷毛熱潮之前，從優衣庫大部分還是郊區路面商店的時代起，夾報廣告單一直都是占據一半以上廣告宣傳費用的重要促銷手段。

夾報廣告商品類別挑選原則

為何優衣庫一年到頭、沒有一週休息，一直在夾廣告單？

因為**在該公司的每週業務中，決議每週刊載在廣告單上的商品陣容以及價格，被視為最重要的任務之一**。

時裝零售業通常會在一週之初的星期一審視過去一週的銷售數字與顧客動態，再訂定銷售計畫（假設）實行一週，一週後針對顧客反應或市場變化檢討評估，重新擬訂對策，再次執行。以一週為單位進行的ＰＤＣＡ循環⓫，終年不斷反

⓫ 譯註：ＰＤＣＡ循環，就是由Plan、Do、Check及Action四大步驟所構成的一連串追求改善的行動。

覆執行。優衣庫選擇用廣告單做為週間業務的先導者（Pacemaker），帶動買氣。

刊載在廣告單上的商品，大致上的輪廓是跟季節的商品計畫同步進行、最初就決定好的，刊載前兩週會先做一次定案，不過因為天候、市況、對手競爭等因素造成人算不如天算，也是經營零售業常發生的事。

因此，優衣庫在季節一開始，每週一除了針對前一週商品的銷售計畫與實際業績的落差確認之外，也會重新評估當週五要夾報的廣告單上，哪些商品需要標上哪種價格，才能達到當時訂定的銷售計畫。

刊載在廣告上的商品有以下三大類別：

- 當初就打算在這時期降價、讓人一口氣採買，在促銷計畫內的商品。
- 賣得太好、超過銷售預期，想要再衝高銷售量的商品。
- 實際的銷售量低於預期，限時降價以促銷的商品。

商品陣容是由以上三種商品搭配，加上前一週顧客反應，排列組合後最終才決定。

養成客人期待感

現在夾報廣告，主要主打一週限定和季節人氣商品。

廣告內容一旦定案，門市接到通知後便會開始進行準備工作，包括確認存貨、確保這些商品不會缺貨，擺放位置是否能讓顧客上門一眼就找到，售貨員面對客人詢問能不能流暢地引導。盡最大的努力銷售每週廣告單刊載的商品，從總部到門市齊心合力來促銷，都是為了這個共同的目標。

每逢週五從不缺席的夾報廣告單一送到，客人就知道這個週末一走進優衣庫，一定買得到合乎季節的優惠商品。只要這個約定可以兌現，那麼客人大概會在他需要添購新衣的時候，從優衣庫週五的夾報廣告單裡頭尋找能滿足他的商品，即使他沒看到廣告單，也樂意在週末懷抱期待走進店裡。

優衣庫創辦人柳井正在《成功一日可以丟棄》中，談了他對廣告單的想法：

所謂的廣告傳單，是為了銷售特定商品的一種號外，是為了當天或後面二、三天特定期限商品的促銷宣傳品。通常，只有週末那兩天的效果最好。廣告單是通知客人，如果這天到我們店裡來，會有什麼樣的商品或者有哪些優惠資訊。你若把廣告傳單視為「寫給客人的情書」，就能明白我所要說的。……但是，廣告傳單本質上仍只是號外，就算想透過廣告傳單這媒介來提升商品或門市形象，或期望廣告傳單可發揮其他功用，最後也只是徒勞無功。……廣告傳單的訣竅在於，要能精準無誤抓住顧客的心理才能避免失敗，另外就是每週固定發放的廣告傳單，內容要用心，不能讓客人看膩了。

至於電視和報紙上的廣告，可以用來主打某個重點商品，或是用來宣傳企業形象，也可以同時兼具兩種功能。柳井正至今仍然會參與每週一舉行的廣告傳單刊載商品及售價的決定會議，週末只要時間許可，據說他也會到門市去確認客人的反應。

ZARA幾乎不打廣告的理由

時裝品牌或專賣店，究竟在宣傳上花了多少經費？**廣告費占營收比率**就是代表性的指標之一。表2-5是上市企業的廣告費占營收比率。為了參考毛利分配多少在廣告宣傳費中，所以表現出的促銷分配率也一併註記。據說全世界的時裝業，廣告宣傳費率的水準在三%至五%。表2-5中ZARA廣告宣傳費率雖然未公開，但聽說控制在○．三%左右。

「因廣告而獲利的是企業本身，不是顧客。所以我們當初才會決定把投資廣告的錢用來提升商品的品質、並降低價格。如果你是客人，你期望我們怎麼做？拿錢投資在廣告上？還是把錢花

2-5　上市企業的廣告費占營收比率

上市企業	廣告費比率	促銷分配率
L Brands（美國）	3.0%	8%
GAP（美國）	3.9%	11%
迅銷	3.8%	8%
青山商事	7.9%	13%
AOKI	6.7%	15%
Right-on	5.8%	13%
SHIMAMURA（思夢樂）	2.5%	7%
西松屋	2.3%	6%
ADASTRIA	3.5%	6%
United Arrows	1.8%	4%
無印良品	1.6%	3%

註：促銷分配率＝促銷費除以毛利。以上數據出自各大品牌2017年的財報資料。

在做出品質更好的商品，讓商品價格更平易近人？」

這是ＺＡＲＡ老闆奧爾特加在公司內部被員工問到為何不花錢打廣告時，所做的回應。

終年無休的高速週轉

ＺＡＲＡ認為，門市就是最強大的宣傳廣告，租金再貴，也要把品牌形象及客人路程方便擺在第一順位，使用的政策是嚴選出位置絕佳的地點、地標來展店，寄望用客人購物體驗讓口碑流傳。

除此，他們也堅持投資打造櫥窗展示、高檔的室內裝潢，以及讓客人更好逛、更容易找到系列商品的走道動線。ＺＡＲＡ總部常設一支三十人的專屬室內裝潢設計師團隊，經常為新門市設計出讓人眼睛為之一亮的店內風格。

除了對門市的投資，ＺＡＲＡ為了攬客堅持做的事情還有：每週二次，週一與週四一定推出新品，同時變更店內的商品配置區域。

ＺＡＲＡ其實並未公開宣稱每個週一與週四會有新品上架，但卻是全球門市都在做的例行公事，如果讀者中有人經常和門市的售貨員聊天，或許也曉得有這件事。熱愛ＺＡＲＡ的粉絲，也聽說有人不管買不買，固定每週一與週四的傍晚都會上門查看新貨色。據英國《每日電訊報》研究調查顯示，一般時裝品牌的客人來店率，一年平均三・五次，ＺＡＲＡ則高達十七次。

ＺＡＲＡ想的是「不能讓客人逛膩了」、「時裝是生鮮商品」，前文提過他們非常重視商品的高速週轉，而支撐著高速週轉體系，是每一週特定在某兩天推出新商品，而且終年無休的業務循環機制。

為此，ＺＡＲＡ總部每逢週一與週三都會為了緊接而來的週四與週一要推出的新商品召開會議。

真正的宣傳活動是什麼？

優衣庫把成本花在夾報廣告單，積極鼓吹客人來店，**屬於推式（PUSH）**的攬客宣傳。相對於此，ＺＡＲＡ把成本花在挑選門市、推出新品的營運活動上，以及透過社群媒體分享時尚感十足的服裝照片，就算不打廣告，客人也能自己上門，**屬於拉式（PULL）**的攬客宣傳。

成本花在哪裡，要花多少，品牌的考量各有不同，但兩者共通之處是一整年之中週週不缺席，固定同一天派送廣告單，或固定同一天推出新商品，同樣有著**定期性、源源不絕、能與客戶共享的業務循環**。

秉持著信念與執著，藉由每週必定履行的承諾，因而鞏固客群，帶動來店頻率。這是因為持續做而培養出與客人之間的信賴關係。**持續力有如滴水穿石。這些宣傳手段在時裝零售業裡已無人能敵**。

UNIQLO

第 3 章

展店策略與門市營運

優衣庫徹底實踐低成本，ZARA 超高速空運

VS ZARA

1 —— 展店策略

現在，優衣庫門市在日本國內有八百三十一家，海外十七國有一千〇八十九家，共計一千九百二十家（統計至二〇一七年八月底）。ＺＡＲＡ門市在西班牙國內有三百〇六家店，海外九十四個國家有一千八百一十二家，總計展店共二千一百一十八家（統計至二〇一八年一月底）。

這兩家公司都是進軍國際市場的連鎖服裝業者，不過在展店策略上卻有非常大的差異。**優衣庫是採用大國優勢展店策略，ＺＡＲＡ則採用全球分散展店策略。**

兩公司差異之處，在於本國市場的規模以及目標客群的深度。表3-1歸納了美國、中國、日本、西班牙的ＧＤＰ與人口及成衣市場規模。我想以此來思考兩個品牌的展店策略。

3-1 美國、中國、日本、西班牙的GDP、人口、成衣市場規模

	GDP	世界排名	人口	世界排名	成衣市場規模	世界排名
美國	1862兆日圓	第1名	3.23億人	第3名	41.26兆日圓	第1名
中國	1122兆日圓	第2名	13.8億人	第1名	33.16兆日圓	第2名
日本	494兆日圓	第3名	1.26億人	第10名	8.91兆日圓	第3名
西班牙	123兆日圓	第14名	4640萬人	第29名	2.96兆日圓	第9名

註：GDP、人口、成衣市場規模都是2016年的數據。以1美元=111.9日圓、1歐元=126.1日圓換算。
資料來源：Euromonitor International

優衣庫專挑在車站大樓高樓層

優衣庫誕生於GDP世界第三的經濟大國日本，提供男女老幼多數人都實穿的基本款商品，他們以取得日本壓倒性市占率為目標，以國內優勢展店策略為首要考量。

當時總社設在山口縣的優衣庫，**鎖定郊區路邊展店**。自從推出二號店之後，他們也與當年男士西裝連鎖業常配合的大和房屋工業合作，利用該公司的門市物件租賃系統，請託他們搭建出有優衣庫風格的門市。同時也需要委託保管建設協力金等資金，展店形態是以十五年的租賃契約、月繳房租的方式來支付。

優衣庫本身只需要打點店內陳列架的設備投資，房租與折舊攤銷費都被壓得很低。因此投資回收得快，使得優衣庫有能力在短期間內四處展店。在不違反大店法（大規模零售門市立地法）規定的範圍內，不斷在人口十五萬人的商圈中，開設每家一百五十坪，年營收目標三億日圓的門市。

自創業以來到一九九〇年代前半達成第一百家門市之前，優衣庫希望藉由優勢策略打進以福岡縣為中心的九州地區、愛知縣為中心的中京地區，目標是在兩個地區擴大知名度，獲得市占率。一九九四年優衣庫在廣島證券交易所上市，以此資金為後盾，在大阪、兵庫為主的關西圈，千葉、東京、埼玉為主的關東圈，集中火力選在路邊展店。一九九八年完成超過三百家門市的目標。

店面大型化策略

一九九八同年，興起一股刷毛旋風。優衣庫至此聲名大噪、為全國所知，銷售效率（每一坪的營業額）提升，已經有能力進駐市中心的車站大樓、或拓展路面店。

靠著每週派送廣告傳單、擁有攬客能力的優衣庫，與多數時裝品牌做法不同，當別人在市中心的車站大樓搶攻租金昂貴的低樓層，優衣庫瞄準的是擁有大面積賣場的高樓層。服飾業的房租比例通常占營業額約一〇％，為了讓成本控制在一半左右並得以展店，他們不斷交涉，完成了多方展店的心願。優衣庫知名度夠高，所造成的灑水效應（shower effect）⓬也非常強大，期待坐收效應的商業大樓為了表示歡迎，也會釋出好條件來訂定契約，比方說不用負擔一般承租人要繳交的促銷費。

優衣庫前進市中心展店的同時，把目標放在店面的大型化。日本面積狹小，採用優勢策略，門市數量終究有極限。因此，為了提高每一間門市的營業額，進行了賣場大型化，以及擴大賣場面積。業績好的地區，有的擴建、有的遷移到更漂亮的地點，不斷重複「閉店、轉進」（scrap and build）⓭的循環。

在以郊區路邊設點為主的年代，每一間門市的標準規格是賣場面積達到一百五十坪、年營收三億日圓，藉由大型化策略，如今平均面積有二百八十坪

⓬ shower effect，在高樓層展店帶動人潮，客群能順勢往低樓層擴散的效果。

⓭ 譯註：可進一步淘汰業績較差的門市。

（一·八六倍）、年營收超過九億日圓（三倍），每一坪的營業額也提升到一·六倍之高。店面大型化策略非常成功。

據推測，優衣庫靠著日本國內優勢展店策略，拿下二〇一六年日本國內服裝市場約九%高的市占率（根據Euromonitor推估的日本服裝市場規模，以及優衣庫日本國內營業額得出）。

面對日本國內市場成熟，優衣庫的下一步？

優衣庫創業二十多年來，至今仍藉由日本國內優勢展店，獲得壓倒性的市占率，二〇〇一年在英國開設海外第一間門市。後來也陸續在中國、美國、韓國、香港、法國，甚至東南亞展店（圖3-2）。

優衣庫日本國內事業的營業利益在二〇一〇年達到巔峰後停滯不前，因此被認為國內事業在這時間點已經進入成熟期。或許早料到有這個局面，優衣庫二〇一三年之後全力衝刺在中國展店。

二〇一七年八月結算期，優衣庫在日本國內的營收比重為五三%，海外營收比重為四七%。依據全球最大綜合性品牌顧問公司Interbrand針對「全球品牌」的定義，海外營業額比率必須超過三〇%。優衣庫在二〇一四年八月結算期，海外營業額確定超過三〇%，終於晉身全球品牌之列。

終於在二〇一六年八月，優衣庫國內及海外門市成長數開始逆轉，二〇一八年八月上旬，海外門市數更是大幅超越日本國內門市數。未來優衣庫的海外銷售策略更將以中國為中心擴及至全亞洲，無論展店數還是營業額都將有所增長。

ZARA逆向操作，瞄準小眾客群

我們來看ZARA總部所在的西班牙，無論是GDP或成衣市場規模都只有日本的四分之一，人口也不過三分之一，是中級規模的市場。ZARA當年在西班牙國內以大量展店起家，創業以來的四十年，**截至目前為止的事業成長史，其實也是進軍國際成長史**。

其中一個理由是，隨著女性在社會崛起，價格親民的流行時裝，剛好在主要的都會地區形成需求。ZARA的例子明白地告訴我們，**無論是哪個國家，市場規模都有其極限**，與其企圖獲取一國的市場占有率，不如先選定一個國家廣而淺地耕耘、進而多國展開，更能快速成長。

3-2 優衣庫在日本國內、海外事業門市數與各區域概況

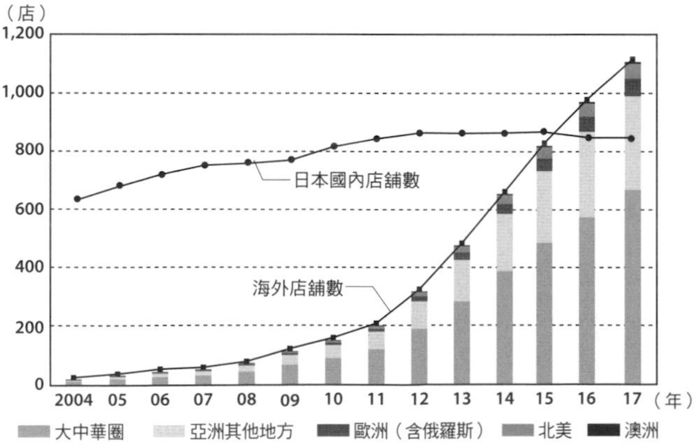

ZARA於一九七五年創立，總部在離西班牙首都馬德里或經濟都市巴塞隆納遙遠的西北部加利西亞自治區拉科魯尼亞鎮。創設之後的十二年間，在西班牙國內不斷展店，以加利西亞自治區為中心、選定人口十萬人的都市廣設門市。創業六年後的一九八一年，ZARA進駐首都馬德里，而巴塞隆納展店則是在創立八年後的一九八三年。

積極拓展海外開店

首次海外展店是在一九八八年的葡萄牙。一九八四年，對ZARA系統建構貢獻良多的顧問、拉科魯尼亞大學的經濟學教授何塞・瑪利亞・卡斯特亞諾（Jose Marca Castellano），獲邀以CEO身分進入團隊（帶領公司約二十年，於二〇〇五年離職）。一九八六年西班牙加入歐盟，成為ZARA國際化的起點。他們在西班牙國內，以技術為背景，在高速生產的商業模式上精益求精，其國際化可以說是水到渠成的結果。之後，ZARA在美國紐約（一九八九年）、法國巴黎（一九九〇年）展店，進軍世界的時尚重鎮。

當時的國際化有兩個關鍵。一個是與西班牙地理位置上的關聯。簡單來說，就是選擇土地相連、或地中海沿岸國家來展店。葡萄牙、法國成功展店之後，ZARA也進入希臘（一九九三年）、比利時（一九九四年）、瑞典（一九九四年）、馬爾他（一九九五年）、塞浦勒斯（一九九六年）、土耳其（一九九八年）。

第二個關鍵是語言、文化上的便利性，一九九二年在墨西哥開店就是這個理由（官方語言為西班牙語）。ZARA因成功打進墨西哥帶來信心，其後更在阿根廷、委內瑞拉（一九九八年）展店，為進入南美市場布局。接下來的每一步棋都有它的用意，一九九七年為打入中東市場在以色列開店，一九九八年在日本開店則是為了布局亞洲市場。

展望二十一世紀，ZARA懷抱二〇〇一年讓股票上市的夢想，從一九九八年開始公開年報，此時海外據點已遍布十六個國家，它為了股票上市開始加速前進新市場（國家）展店，就西班牙國內外的門市數量比率來看，兩者在一九九八年開始逆轉，營業額則是二〇〇〇年開始逆轉。

ZARA進軍海外時，基本上都是直營店。但在德國、日本、義大利等國家，則是先與當地企業成立合資企業，而後再買回股票，成為全資子公司。若是在伊斯蘭文化地區，則運用特許經營契約將營運委託給當地企業等方式進行，配合當地的民情文化，逐步實現國際化。

竭盡所能取得好門市

ZARA在西班牙國內服裝市場的營業額市占率，依照二〇一六年推估有一一．八%，在西班牙國內營業額比重為一七%，國外營業額比重高達有八三%，是名符其實的全球品牌。

早在二〇〇八年發生歐洲經濟危機之前，ZARA就已經把展店的主要重心放在西歐經濟大國：法國、英國、德國、義大利、西班牙。這近五年的展店傾向，則是在東亞、北美、東歐等國家。更具體來說，ＺＡＲＡ把焦點擺在中國、美國、墨西哥、俄羅斯。另一方面，他們在市場已飽和的西班牙、英國、法國則關閉虧損的門市，或進行小型店的大型化。

為兼顧最佳廣告宣傳效果及顧客的地利之便，ＺＡＲＡ往往選擇市中心的黃金地段，或具地標性的位置開設大型店，偶爾會採用金錢萬能的策略來取得好的門市。位於香港中環的皇后大道店（二〇一四年設立），便是Ｈ＆Ｍ在二〇〇七年首次進駐香港時開設的一號店舊址。根據報導，ＺＡＲＡ是在Ｈ＆Ｍ契約到期時提出支付加倍的租金才拿下這個門市的。除此之外，日本新宿東口的ＺＡＲＡ旗艦店在當時（二〇〇四年）也是趁某專賣店契約更新之際，以跌破眼鏡的高額租金取得門市。

ＺＡＲＡ的能耐如你所見，為了在好地段展店，資訊網及資金操持自如，所有相中的獵物最後都能夠手到擒來。

2 — 物流策略

接下來，我想談一談ＺＡＲＡ和優衣庫在物流（Logistics）策略上的差異。用一句話來形容兩者差異，**優衣庫藉由「不持有的經營」追求低成本；ＺＡＲＡ不惜耗費成本也要速度第一，將關鍵的物流功能內製化。**

優衣庫「以箱（Carton）為單位」降低物流成本

優衣庫自己掌控、管理供應鏈，但營運活動基本上是外包（Outsourcing）。關於生產方面，它靠著在人事費用低廉的中國或東南亞進行計畫性的量產，在經濟大國日本銷售，成為日本第一，但不只生產，就連物流方面也貫徹低成本營運。

在約有七十多家收貨點的中國，優衣庫分別委託越南、孟加拉等兩百多家工廠生產商品。出貨時疊好裝箱打包，並裝載貨櫃搭船運往中國及世界各地，到港上陸之後，用成本最低的方式送到每一家店。在日本國內的做法是，在東、西部設置數個據點，不同部門的商品分別委託多家大型物流公司保管，貨物到店的配送則委任大型宅配業者處理。

源頭即做好品質管控

整個流程當中，優衣庫最具特色之處，是絕大部分裝有商品的紙箱，一旦在中國封箱完畢，下一次被打開就是運送到門市之後了。

服飾業的國際物流，最耗費成本的就是國內物流加工，換句話說，進口後的商品送往國內物流倉庫之後，依照不同門市需要將款式、顏色、尺寸重新做分配。優衣庫為了在國內省去這樣的作業流程，**在海外工廠裝箱的階段，便已經依照款式、顏色、尺寸做好排列組合並打包，然後原封不動直接送進店裡去**。當店內暢銷商品需要從國內的倉庫補貨時，也同樣「以箱為單位」來配送。

然而若只用一種固定的紙箱配送模式，上架陳列不是問題，卻無法應付在銷售時發生顏色、尺寸賣相不一等問題。為了解決這個問題，優衣庫至少準備了七、八種的配送模式，每家門市都是依需要的模式自行組合、進行補貨。

這個「以箱為單位」的配送模式，除了顏色種類繁多的襪子，與尺寸為數眾多的褲子以外，幾乎所有的季節商品都採用這個方式。優衣庫在中國工廠就把品質管理及品檢體制做得非常徹底，這是他們有辦法安心把整箱商品原封不動直接送進門市的理由之一。

每間門市的工作之一，就是決定每件商品每個月份的存貨量設定（參見第四節）。除了自動補貨系統讓暢銷品都能確實補貨，也賦予門市能自行決定追加進貨的權限，而且總部也有管控存貨的負責人員、會幫忙注意商品數量夠不夠賣，優衣庫便是用這三道程序把關，防範缺貨。每天門市開門的前一個半小時商品就會到貨，讓店內員工在開張前就能補齊賣場中的空缺。

ZARA出貨，四十八小時內送達全世界每個角落

法國是全球時尚重鎮，西班牙隔鄰而居。ZARA善盡地利之便，成功把流行時裝用全世界最快的速度做出來，再送往全世界。

基於「時裝是生鮮商品」這個想法，ZARA只製造最低限度的需要數量，而且週週推出新品，對ZARA來說，**物流的速度比成本更重要，這是生意的關鍵所在**。即便製作新商品只需四週時間、追加商品只花費二週時間，如果送到門市得要一個月豈不是前功盡棄。因此，ZARA出貨到歐洲鄰近諸國使用貨運三十六小時之內送達，更遠的東歐或美國、亞洲等地則使用空運四十八小時以內送達，就算花錢請空運，也要努力在客人想買的第一時間內供貨，他們認為只要不降價又能通通賣完，就能完全吸收空運成本。

運用軸輻策略節省運輸成本

ZARA的商品，超過六〇%都在西班牙、葡萄牙、摩洛哥這幾個鄰近國家生產，剩餘的在歐洲其他國家或亞洲諸國製造。各地製造的商品會先回到西班牙集合，再統一從西班牙往全球九十四個國家配送。

驚人的是，即便是中國生產、中國銷售的商品，還是一律先送往西班牙，再坐一趟飛機回到中國。看起來耗費了時間與成本，但據稱，因為乘坐的是商品配送到中國的回頭機航班，所以沒有成本問題。

在思考物流策略時有一招叫做軸輻系統（hub and spoke）。「不論是在哪裡回收，一律先收集到軸心（hub），再從同一個地點出發，將全部商品送上同一條路線、再進行派送，總成本反而會比較便宜。」這個策略因聯邦快遞（FedEx）等快遞公司採用而知名，ZARA用的就是這一套。

ZARA倉庫內的高速自動分撿系統。為了避免皺摺，能讓衣服掛在衣架上直接處理。

ZARA在二〇〇九年設立一家名為FLF（Fashion Logistics Forwarders）空運貨物配送公司，二〇一三年度與十九家航空公司有生意往來。依據亞洲物流（Asia logistics）的經理亞伯特・馬提所言，一年有二千班次，每一週高達四十班的包機使用波音七四七，週週不間斷地將商品送進全球各大門市，再把原產國完工的商品載回西班牙。他們使用來回班機，設法活用裝載空間。根據業界相關人士透露，FLF目前是全球所有空運貨物最大的配送公司。英德斯公關部門表示，這些物流費用，就算全部加起來也只占營業額比率一%。

從倉庫端就解決皺摺問題

西班牙國內的物流倉庫，全被ZARA貨物包辦的就有三間。第一間在總部的拉科魯尼亞鎮的阿特索工業區，第二間在集團空運的物流樞紐薩拉戈薩（Zaragoza），第三間則在馬德里附近的梅科（Meco）。倉庫各自又依不同部門與寄送國來分門別類。

ZARA在自家倉庫導入一套高速自動分撿系統。為了不讓店內陳列在壁面的系列商品產生皺摺，所有的處理過程自始至終都懸吊在衣架上進行，並在特製硬紙箱內採平放方式裝箱出貨。至於沒有皺褶問題的針織衫及T恤，也會重複使用供應商送貨的硬紙箱，努力找方法回收再利用。

分類後的商品，在日本，會在每週一、週五的清早送到各家門市。據說不同國家的配送日稍有差異，週一或週二送一次，週四或週五再送一次，不變的是每週送貨二次、每次進貨時間固定會在這幾天。

送抵全球各店的商品，會由早班的員工擺放到規定的位置上，等到各店專屬的視覺陳列設計師（visual merchandising，VMD）上班後，再根據門市存貨與總部提供的圖像指示調整成深具魅力的陳列方式。

空運班機Door to Door，讓全世界成為展店舞台

我在前面第一節中談過ＺＡＲＡ的全球分散展店策略得以實現，靠的正是這個物流策略。多數連鎖商店在國外展店時，通常最先籌畫當地的物流據點，但ＺＡＲＡ刻意讓自己一個物流據點也沒有，商品全由西班牙自家倉庫送出，在各國完成進口通關流程後，直接送進各家門市。（隨著電子商務擴大，ＺＡＲＡ在世界十七國目前設有專門的物流倉庫。）

誇張來說，**只要有需求，就算一個國家開一間門市也能做到**，這就是ＺＡＲＡ的強項。門市也就是精簡客戶端（thin client），如此有機動性，正是ＺＡＲＡ的特徵。

再者，ＺＡＲＡ門市因為一週只進貨二次，除非是太嚴重的天災等因素，否則不容許錯過進貨時機。及門運送（door to door）的空運，每週在固定的時間確實將商品送達門市，從這樣的觀點看來，這些基礎建設絕對是幕後功臣。

物流策略的差異來自出身背景

上述的物流策略，可以看出兩者的不同：優衣庫絕不缺貨、每日配送；ＺＡＲＡ則是

每週二次、固定頻率配送。

零售業出身的優衣庫認為，賣得好的時候絕不能錯失交易，在有需求時就要徹底收割。因此毫不在乎先收割到未來的需求，今天是今天，明天是明天，**每天的份都要努力賣光。大賣時期遠比預想中忙碌也甘之如飴，或許這就是零售業的精神**。

再來看**製造業出身的ＺＡＲＡ**。眼前的營業額雖然重要，卻更想把目標放在營運的穩定，及穩定所帶來的總成本縮減，進而提高最終利益。它很清楚勉強執行的後果，會造成供應鏈多出「等待時間」，因而造成經費的白白耗損。因此**為了不破壞營運的穩定，不允許有計畫外的超賣情況發生**。

優衣庫所追求的物流是務求存貨不能見底；ＺＡＲＡ重視的是全年穩定與固定節奏的物流。

3 優衣庫與ZARA的「標準門市」

以下介紹的就是優衣庫與ZARA的標準門市規格。首先來比比看這兩家品牌的基本數據（表3-3）。

優衣庫是分門別類、方便客人找貨的「單品倉庫」

優衣庫標準門市的賣場面積有二百五十坪。賣場依對象顧客大致分為女裝、童裝、男裝，配件類（帽子或包包、披肩）則放在各賣場的入口，或相關聯的地方（像是皮帶就放在褲裝區旁等）。

賣場構成比大約是女裝五〇％，男裝四〇％，童裝七％，配件（服裝雜貨）三％。最靠近門口的是女裝賣場。這是因為無論平日或週末，女性來客數較多，同時也是目前的重點商品類別。

在店內，從壁面到中央的架子，幾乎都使用一百八十公分寬的陳列架來建構。壁面的層架高到天花板，中央的層架則做到客人勉強手能攀到的高度（二百一十公分），把四台陳列架背靠

3-3　優衣庫、ZARA門市的基本數據

品牌	平均賣場面積	每1家門市的營業額	銷售效率（每月每坪的營業額）	一年存貨週轉率存貨週轉週數*	參訪時門市陳列的商品款式數量	一年商品款式數量
優衣庫日本國內	280坪	9.20億日圓	27.4萬日圓	4.8次 約11星期	500款式	1,000款式
ZARA全球	391坪	10.05億日圓	21.4萬日圓	12次 約4星期	1,500款式	18,000款式

*存貨週轉週數：表示平均持有幾週份的存貨。

背、兩側再搭配一台九十公分的花車，組成一個整套陳列單位，在店內形成一套套井然有序的排列。

不同類商品的賣場，依照外套、下著、襯衫、針織棉T恤、針織衫、服裝雜貨（配件）、貼身衣物（內衣類、襪子、家居服）不同種類分區陳列。一般來說，除了擺放重點

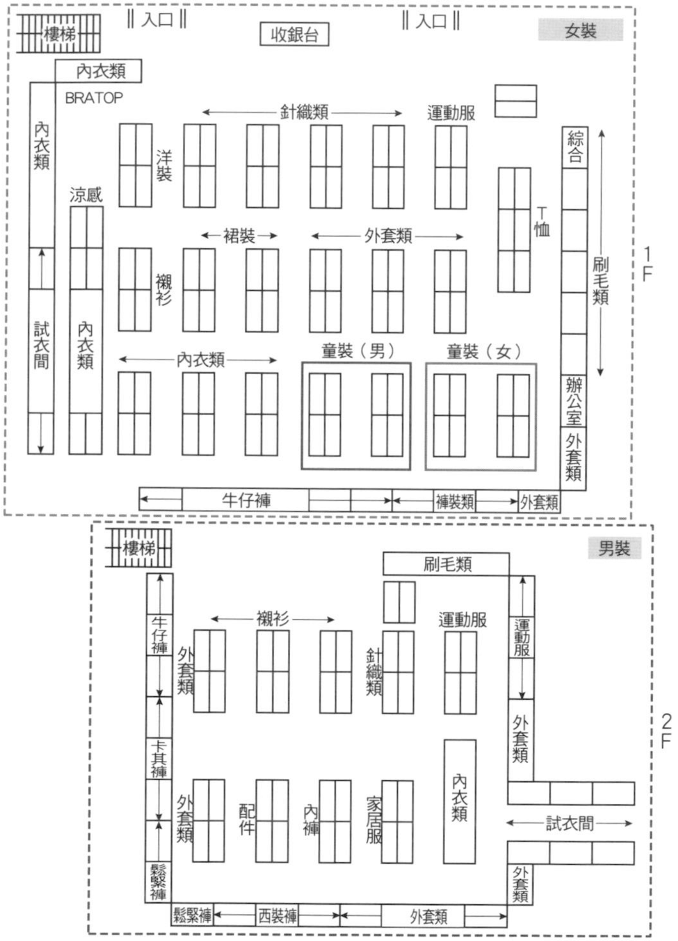

註1：優衣庫在東京都內的標準門市範例（約250坪）

註2：2014年秋天 作者自行調查。分成女裝、童裝、男裝3個類別，不同商品種類在不同層架分開陳列。

商品的大桌和人型模特兒穿搭之外，同一個商品層架上不會看到混雜不同種類的商品。普遍的配置手法是，最裡面的壁面陳列褲裝或牛仔褲，它的前方是貼身衣物，賣場入口處附近則擺放襯衫、針織棉T恤、針織衫等上衣類商品。

客人完全自己來，購物效率提升

所有的架子都標有顯示商品價格的POP海報，依照不同商品款式、顏色陳列，商品上顯眼處也貼有供顧客查看的尺寸貼紙，所以客人一進店門馬上就能找到自己喜歡的顏色、圖樣與尺寸。優衣庫一路走來秉持創業時的概念「自己來（Help Yourself）」，讓客人一進入店裡自己就有辦法馬上找到想購買的區域，找到尺寸、試穿，然後走向結帳櫃檯。想拿取高處的商品時，也可以自由使用店內的高腳梯，天花板挑高的門市內則提供取商品用的伸縮桿衣叉竿，不需要麻煩別人，一切可以自己來。

除非想要找的商品遍尋不著，或者店內已無存貨，又或者褲子長度修改需要協助，否則在結帳前根本不需要洽詢員工任何事。

比起一般專賣店，優衣庫擁有更多的試衣間與收銀機，結帳服務已經被訓練到讓每一

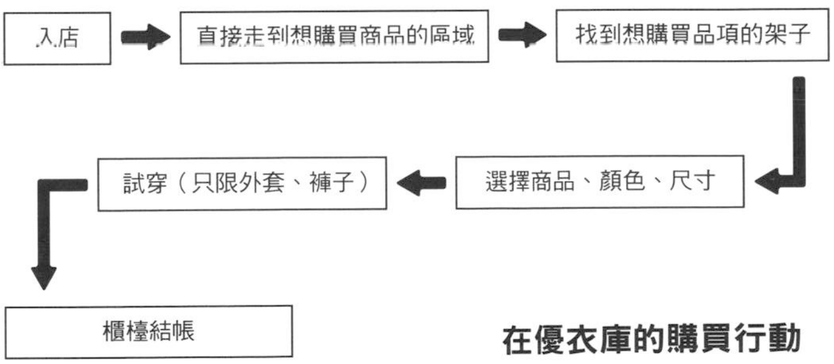

在優衣庫的購買行動

位顧客只花九十秒就能完成結帳。客人在賣場不會迷路，選了商品又可以快速完成結帳，走出店門。滯留時間短，客人大量進出。

店家幫顧客提升購物效率，顧客自然幫店家提升營收效率。對商店來說，大量客人進出帶動商品的暢銷，每天的營業額就能成長。「UNIQLO」是「Unique Clothing Warehouse（倉庫）」的簡稱，各家門市一直忠於目標，**是一家為顧客穿搭設想的單品倉庫**，也是一間便利商店。

如果從優衣庫標準店每家門市一年營業額與客單價的設定來看，推估平均每天的結帳客人數，平日每一天將近四百人，週末六日每一天超過一千至一千五百人次（作者估計）。應該再找不到比優衣庫更忙的服裝專賣店了吧！

ZARA是提供穿搭建議的「衣櫥」

ZARA標準門市的賣場面積有三百九十一坪。如同前面第二章第一節所說明的，ZARA為不同對象顧客提供子系列，賣場也因而劃分為五個區域（括弧內為大約的賣場面積占比），分別是給職場女性的WOMAN（二〇%）與BASIC（三〇%），給少女們的TRF（一五%），給男性的MAN（二〇%），給兒童的KIDS（一五%）。

一進店門，映入眼簾的首先就是運用最多流行元素、可以說是ZARA活招牌的子系列ZARA WOMAN區域，隔壁後方是ZARA BASIC。TRF或MAN、KIDS會在其後

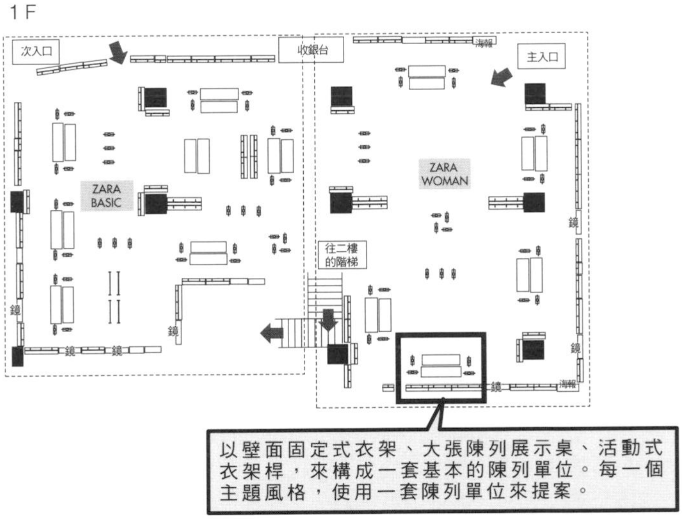

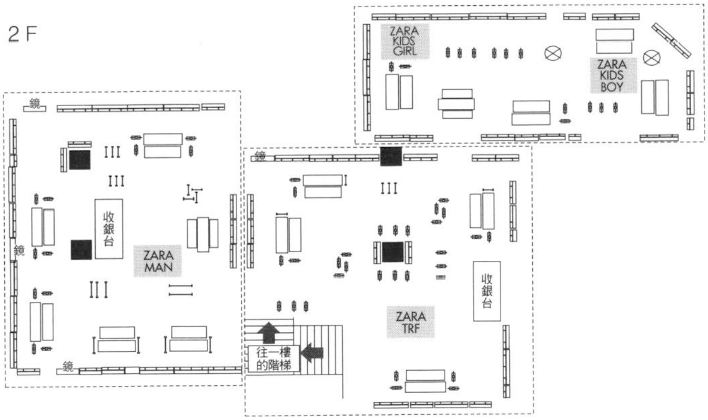

ZARA在東京都內標準門市的範例

賣場分為5個子系列：ZARA WOMAN、ZARA BASIC、ZARA TRF、ZARA KIDS、ZARA MAN，各自的賣場又有4～6個主題的穿搭提案。

方或是二樓。

曾在ＺＡＲＡ購物的客人，會因為熟門熟路清楚適合自己的商品放在哪一個子系列，選擇跳過不相關的陳列區，直接來到自己喜歡的子系列區域。

ＺＡＲＡ的賣場就像先前所說，屬於**穿搭示範型**。各個子系列的區域，每一季都設定好五個左右的流行主題，依不同主題劃分區域，各自的區域內又會有由外套、上衣、下著組合出的穿搭。

賣場展示重點原則

各區域及通道，使用壁面固定式衣架、陳列展示桌、桌旁的活動式衣架桿，三種陳列形態規畫，並落實為一套基本的展示單位。客人一來到子系列區域，便一面漫步，一面看著壁面所展示的流行時裝其系列商品的主題與顏色。五個系列，在色彩主題與圖案風格上截然不同，因此客人會在感興趣的色系、圖案的那一區前面停下腳步，欣賞店家提供的穿搭示範，並一邊思考與自己家裡衣服的搭配性，腦海中充滿新的靈感。

ＺＡＲＡ的流行提案清楚易懂，他們在各系列商品之中**針對白或黑這種人人都擁有的基本色、基本款，建議該如何搭配當季的流行顏色或圖案**。讓客人能夠簡單思考自己家裡的衣服與今年的潮流搭不搭得上。

這些壁面的系列商品，**主要設定在職場上的穿著、休假時外出的穿著、聚會派對赴約**

的穿著。

接著是壁面前的大桌子，上頭擺放摺好的商品中，像是在家休閒時穿的牛仔褲、褲裝、毛衣或T恤。桌旁的活動式衣架桿上陳列的商品又更基本款了，是符合當季氣溫的實穿品項，如羽絨外套、西裝外套、開襟針織外套、女用襯衫、裙子等。

鼓勵客人多多試穿

ZARA店風鼓勵顧客從眼花撩亂的眾多商品中多拿幾件試穿，不論是否購買，讓客人總是抱著比想買的再多一點的商品走進試衣間。試穿完畢後，篩選出真正想要的商品，結帳購買。

前面提過，ZARA每週一與週五進新貨，平均只需四週就能全部賣光。一整年生產的商品款式高達一萬八千種，每次入店，光是眼睛能看到的商品款式平均就有一千五百種之多。

與優衣庫剛好相反，**ZARA的客人沒有具體目的，**

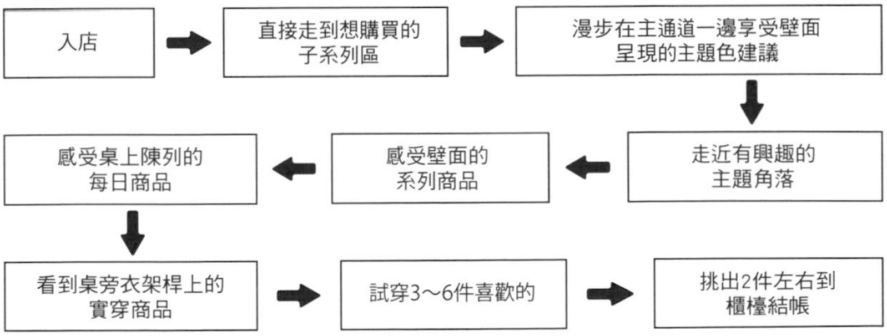

在ZARA的購買行動

甚至可以說更多顧客是為了取得流行資訊而來。ＺＡＲＡ就是像這樣用流行穿著來吸引客人，將居家用的基本款休閒服、搭配季節合宜的單品服裝來做提案，擄獲顧客芳心。

4—總部的角色、門市的角色

連鎖店在大量展店時，最大的課題就是人才培育。店長是來經營門市的，就算開了再多家，如果店長的培訓速度趕不上展店進度，那麼好不容易挹注的展店投資根本無法獲利。更嚴重的是，粗糙怠慢的經營不只無法回收投資，還會毀了品牌形象，導致客人不再上門。因此，連鎖店的店長培訓，會把「誰做都一樣」的單純作業標準化，也就是所謂的**業務手冊化**。

許多連鎖店，各家分店都有自己的損益表，表面上是由店長負責確認，事實上，從集貨到存貨，絕大部分的細節還是連鎖店總部在做決策，店長唯一能夠控制的或許只剩兩件事：為了達成營業額預算的各種措施，以及配合店內忙碌所需的人力增減調配。

因此，總部要店長做的工作，多半侷限在達成營業額預算、賣場的安全與潔淨、存貨管理、營業額與小額現金的金錢管理、人員的聘僱與培訓、輪班管理，以及向總部報告該門市及其周遭市場資訊。

不再是掛名店長，優衣庫培養的是經營者

優衣庫也不例外，在一九九八年刷毛熱潮之前、郊區路邊一年開了一百家新門市時，公司內部一直徹底依循手冊。據相關人士所說，當時門市的工作是將總部送來的商品俐落的擺上層架，再遵照總部的指示，專心致力於培養出能奉手冊為圭臬的人才，連營業額預算都是總部決定的，至於目標有無達成，並沒有被嚴格追究過。

然而從一九九八年啟動生產改革以防範缺貨，為了培育出思考型的門市，實施ABC改革，這套改革重點在於把總部主導改為門市端主導，大大改變了此後門市的角色。

賣場成為店長自我挑戰的領域

接下來的轉變分為兩大方向。其一，**思考門市的陳列計畫與存貨的控管，變成各店店長的工作**。其二，優衣庫最強大的集客工具廣告傳單，發布工作也交由店長裁量。

關於存貨的做法，門市是從商品部寄出下個月要賣的商品清單來決定陳列計畫，至於每一種款式要堆放多少存貨，也成了店長的新工作。

雖然不能做縮減男裝部、或撤掉童裝部這種超越部門、改造賣場面積與平面配置圖的大事，但店長被賦予了決定想讓部門內哪件商品衝高銷量，以及那件商品該進多少存貨的權力。

為了一些還未上軌道的店長，總部的存貨管理員還會製作不同類型門市的標準模式，

供各店長自行調整運用，不過對有經驗的店長來說，這是一個靠自己的判斷力來提高營業額的機會。

雖然總部的這套方式，是為了不錯失銷售機會，**針對每個商品有最低存貨量的規範，但店長針對想賣的、非賣不可的商品，為了不造成缺貨，已經被賦予可以決定是否要大量囤貨的權限**。門市的空間當然是有限的，不可能無限擴大。然而店長要在庫存量的盤算中，用經營者的眼光一次又一次思考要把賭注放在哪一件商品，或思考哪一件商品一定會暢銷，要盡量保持不斷貨。賣場同時也成為店長自我挑戰的領域。

順帶一提，對於績效卓越而當選超級明星（super star）店長的優秀店長，公司對他甚至沒有存貨最高設限。

管控存貨與廣告傳單

店長還有一件工作：廣告傳單的派送區域以及宣傳強弱度的控制。優衣庫在廣告宣傳品方面，非常重視夾報廣告傳單，一年發布將近六十次。即便在它成為全球知名品牌、已經開始進行電視廣告等全方位廣告促銷的此刻，如同第二章所述，優衣庫在宣傳上最強大的武器仍然是廣告傳單。

廣告傳單是以各家報紙的派報社為單位來決定派送地區。成本依廣告傳單大小而有不同。所以，要派送廣告傳單，聽起來再簡單不過的一句話，事實上要控管這麼多事情：**夾**

報的報社間數×派送地區×廣告傳單大小。

用哪一家報紙、送到哪一個地區、夾哪一種尺寸的廣告單，才會提升營業額？斟酌其費用所產生的效果，也是店長的新工作。經費投入哪裡（投遞廣告傳單）、哪一件商品只要不缺貨、有存貨，營業額就能發揮最大實力，光思考這些議題就足以培養零售業的經營者格局。

這套系統把店長訓練到能管控存貨與廣告傳單，如果要說二〇〇〇年以後優衣庫的成長全靠這套系統，一點也不誇張。

ZARA依據總部指示與現場員工意見打造賣場

再來看看ZARA的門市營運。

在ZARA門市裡，每一天的營業額預算管理、總部指示的品牌形象及商品陳列規則、人才培訓都是基本工作項目。

ZARA這種穿搭示範型賣場的使命是，**務必把設計團隊的穿搭提案忠實傳達給賣場裡的顧客**。因此，務必就要遵守賣場內的系列商品配置、顏色規範、定期性的店內更新（季節主題換地方布置）等規定。

歷經商品企畫、問世的產品，聚集到西班牙總部，再出貨到全世界門市。與此同步進行的是，穿搭提案賣場指示書的製作工程。專門設計店內陳列的視覺陳列設計師（visual merchandising，VMD），會在位於總部地下室的試營運點（Pilot shop，仿製ZARA標準門市規格的假想店面）實際進行模範陳列，再將畫面傳送到世界各家門市。全球門市專屬的視覺陳列設計師收到指示書後，將每週送來的商品與門市內的存貨依照所建議的規則來排列組合，表現出趨近於總部提案想法的形態。

從顧客在意的事找出潛藏心底的欲望商品

第二章也說過，季初的商品企畫，是總部設計師蒐集了所有時裝趨勢的資訊後，思考得出的假設。但是這個時機點做出來的產品只不過占了一季整體營業額計畫的二五%，這個假設正確與否，取決於店內的客人買不買帳。**因此ZARA這場硬仗，是在季節開始、這份假設的商品企畫在店內上架之後，才正式開戰。**

全世界每家ZARA，都依據總部訂定的全球統一做法進行陳列。

量化的銷售數據可以從POS數據收集而來，但對於系列商品或單品的質化資訊，也就是說客人是否感興趣、試穿頻率、顧客的心聲，只有店內顧客身旁的員工才會曉得。對門市各個子系列的經理來說，將早上、傍晚各一次觀察顧客或與之對話的見聞感受，整理歸納出來回報給管理不同國別的產品經理（product manager），也是重要的工作之一。

值得一提的是，門市的「**試衣間就是營收的關鍵**」。即便是自助型銷售，也要鼓勵客人一次帶足商品進入試衣間，並努力找出客人感興趣、想試穿、潛藏在試穿行為之中的線索。觀察他對試穿過但無意購買的商品，又或者對另外的推薦商品有何反應，他們做的是從客人在意的事來思考客人的期待，也就是對商品提出假設。

因此，**ZARA不重視創意商品的設計，反而把重心擺在找出潛藏在客人心底的欲望商品，快速做出來，然後入店上架**。

ZARA的門市就是風向球，把假設階段尚未定案的當季資訊傳給總部。傾聽離顧客最近的門市端員工建議，是目前在總部上班、過去也擁有門市銷售實務經驗的ZARA全體員工，最重視的一件事。

5 — 誰才是組織的關鍵人物？

優衣庫追求的是預防範基本款休閒服或貼身衣物缺貨，能夠每天招攬大量顧客，動線順暢而且購物有效率的賣場。

另一方面，不管什麼時候進入ZARA，都能見到最新流行時裝的穿搭提案，讓人一眼就明白，也因為價格親切、購買沒負擔，關心時尚的顧客們才會頻頻上門。

門市，是客人與商品相見的地方，不用說都知道，對零售連鎖業而言這是最重要的場所。為了使門市最適化，業務與組織該如何編制使其發揮功能？不同的做法當中也蘊含各家公司的經營方針。

優衣庫在門市培育不錯失商機的經營者，ZARA則是培養出掌握顧客欲望與商品資訊的行銷人員（marketer），要說這是兩個品牌歷久不衰的祕訣一點也不為過。本章的最後一節，焦點會放在表面上看不見的關鍵人物，他們在組織中如何改善這兩個品牌的門市經營。

優衣庫「區域經理」：熟悉門市經營與顧客的菁英部隊

優衣庫成長的祕訣之一，就是擁有一套體系，培育經營門市的店長成為實際的經營者。前面提過，優衣庫對自家店長業務工作的期望，比起其他連鎖店要多上許多。但絕不只是在期待中賦予責任及權限，**他們還有一套完整的教育體制，協助店長在現實中也真的擁有執行能力**。

優衣庫有一套快速教育訓練課程，在員工正式工作之後用半年的時間同時進行團體研習及在職訓練（On-the-job training，OJT），教導店長有能力執行業務。但店長是在實際任命進了門市後，才開始踏出做為經營者的第一步。除了搭配社內研習組織GOI（Global One Institute，舊優衣庫大學）在課堂進行店長教育，還有一位區域經理（supervisor）負責教育店長，他過去也是歷經數家門市、擁有店長實務經驗的優秀店長。

區域經理擔任特定區域門市（平均六至七家）店長的主管，每週之初會出席總部的會議，再將總部的經營方針傳遞給所負責的門市。每週中旬就回到負責地區的店內現場巡視。他們介於總部與門市之間，在處理預算目標管理、協助門市營運時，會依據自身經驗給予建議，透過將數家門市的好表現（即最佳實務）以橫向擴散等方式，帶領各店改善。同時也會根據門市面臨的課題，對總部提出改善的建言。

總之，區域經理在門市裡與店長並肩進行人事、物品、金錢的管理業務，並針對攸關生意成敗的存貨設定，以及指導與確認廣告傳單派送，一步步將店長培育成經營者。

業務支援小組從旁協助

除了研習機構ＧＯＩ、職責所在的區域經理，營業總部也有一個業務支援小組，針對如何改善門市效率提供店長建議。無論是ＧＯＩ或業務支援小組，其核心成員都是當過區域經理的人才，**區域經理是熟知顧客與門市營運的菁英，門市與店長的成長全靠他輔佐，這絕對是優衣庫營運的關鍵**。

談到組織，目前優衣庫在日本國內有超過一百位區域經理活躍在各區域，他的上司是統率約十個區域的全區經理，過去也是區域經理出身。全區經理肩負轄下區塊的業績，以及對區域經理的教育。

這樣的循環下，前輩教導後進，時時有教學相長的機會為員工帶來啟發，最終造就了優衣庫的成長。

二〇一三年迅銷集團的柳井社長不斷重複「店長才是主角」這句話，專注在培養出有經營者格局的店長。但優衣庫的日本國內事業已經來到成熟期，開始需要更卓越的效率以及單店獲利能力，因而他在二〇一四年發表的談話中提到，**未來店長應該要培訓出既能獨立思考、又有行動力的門市員工，更進一步要讓店員變成主角**。

既要培育出有格局、把自己當經營者的店長，如今又要讓他有能力帶動店員，可見得身負培訓店長重任的區域經理，角色是越來越重要了。

ZARA「產品經理」，用全球統一觀點思考暢銷商品

ZARA目前在全球九十四國設有據點，基本上以全球統一企畫為原則。ZARA的老闆奧爾特加總是把這句話掛在嘴上：「不要專為全球九十四國個別做，要做全世界都能暢銷的商品。」

唯一例外的做法是南半球國家，商品有三成是採用北半球半年前的設計、七成是南半球專屬的設計小組設計的原創企畫，雖然方式稍有不同，但在占了九成營收的北半球，的確是向全世界銷售相同的商品。

只是，一樣在北半球，會遇到伊斯蘭文化的國家、也會遇上俄羅斯與新加坡的氣溫一差就是攝氏二十度，這種地域特色及氣候差異的問題。因此，從總部訂定的全球統一企畫中找出為該國量身訂做的系列商品、單品，選擇與剔除都是必要的做法。

這個任務，是由廣告部門的不同國別產品經理來負責。產品經理在ZARA西班牙總部的辦公桌就位於各部門商品部的正中央。他是與世界各國的門市一邊溝通，一邊對著圍坐在四周的設計師或採購員（生產負責人）傳達他彙整出來自各國的意見與期望。產品經理的工作業務廣泛，包括季初針對所負責國家進行時裝特性分析，規畫門市各子系列的賣場空間，從總部的全球統一企畫中替自己負責的門市決定它要採用哪個系列的哪個商品等，工作內容包辦了各國、各門市的最適化與存貨設定。

將客人渴望的設計轉為商品

一進入季節，產品經理就會分析銷售數據，不斷地與門市聯絡，傾聽意見、彙整出顧客追求的商品，並針對新設計進行提案。不僅如此，像是季節中門市的存貨調整，介紹每星期推出二次的新品，針對需要強化銷售的商品提供建言給門市，也都是產品經理的任務。

產品經理有時會向設計師或生產負責人提案，介紹他所負責的國家哪一種商品可能會大賣。只是根據奧爾特加的方針，必須要在其他多數國家表示也想採用的前提下，才可以讓提案進入商品的製程。

產品經理是為了ＺＡＲＡ全球化連結門市與總部的重要職務。他主掌門市的營業額與利潤，也負責將店內顧客的心聲商品化。

ＺＡＲＡ認為自己不需要大牌設計師（charisma designer），需要的是會將客人渴望的設計轉為商品的研究人員（researcher），而產品經理就是其中的關鍵人物。

UNIQLO

第 4 章

時裝業的風險管理

優衣庫「賣光我做的衣服」；ZARA「專挑能賣的來做」

VS ZARA

1 時裝業有什麼風險？

本章要談的是時裝業的「風險管理」。

在時裝業，每一季（約八週）的短期決戰，都是花了一年（五十二週）的時間準備，做完銷售預測之後，必須在數個月前（十三週之前）依據商品、顏色、尺寸來訂定營業額計畫，下產品訂單。因此各項商品進入實際銷售季節時的命中率，也各有不同。**大賣的商品超越預期，很早就缺貨，而滯銷的商品則在當初預測時完全沒料到會賣不出去**。

一般在設定的販售期間內，依照訂價及計畫大量賣出的商品叫做「**暢銷商品**」。「暢銷商品」的相反詞就是「**滯銷商品**」，是指銷售數量或消化率遠低於計畫，剩下大量庫存，因降價導致公司虧損的商品。

連鎖店中，「滯銷商品」有其數字上的定義。一般來說，相對於同類商品的平均值，是指需要花一．五倍以上的時間才能消化完畢的商品。按照這個定義，對於新商品平均四週就要完售的ＺＡＲＡ來說，耗時六週以上的商品就叫做「滯銷商品」，而對於平均十一週就會替換掉店內商品的優衣庫來說，超過十六．五週以上的商品就屬於滯銷。

「暢銷商品」如何即時用客人可以接受的價格來供應，趁客人還感到有價值的銷售期間內賣光？要如何事前排除滯銷品的潛在成因？已經滯銷的商品要如何處理，把損失降到最低？這些風險管理，是時裝企業每一季都要重複操演的課題。

「滯銷產品」的真面目——不全因衣服賣相差

為了思考風險管理，我想帶大家更進一步了解滯銷品為什麼會發生。

筆者在職場上長年擔任存貨最適化的顧問，在眾多時裝企業現場看到的「滯銷商品」，有以下幾種類別：

①商品企畫失誤（商品不符合自家公司的客群，或商品能穿的客群十分小眾）
②商品漫無目的過量生產（下單數量過頭）
③價格設定錯誤（售價超越顧客心理預期）
④進貨時機不當（出貨過晚或新品過早上市）
⑤無視門市的客群性質，商品進貨過多（無視來店客群）
⑥顏色賣相差（商品本身暢銷，唯獨乏人問津的顏色大量滯銷）
⑦對暢銷商品瘋狂追逐，結果追加過量
⑧暢銷商品殘餘數量雖少但依然繼續放在門市裡（積少成多）

這些商品發生滯銷的原因，皆因違反商品企畫最基本的五適：**適質**、**適價**、**適時**、**適地**、**適量**。

很可惜的是，其實滯銷品中的②、⑥、⑦、⑧也一度是人氣商品。只不過隨著最終為公司帶來損失的程度越深，這些囤積的商品就離「暢銷商品」美稱越來越遠。五適之中，如果有一季在「適時」、「適量」的操作上出差錯，損失就會更慘重。

這些過剩的存貨或壓迫利潤的「滯銷商品」，令人遺憾的，每一季或多或少都會發生，算是時裝業如影隨形甩不掉的「陰影」。

二十世紀以來，時裝業的傳統習慣是集中「滯銷商品」，最後統一放在七月的夏季大特賣或一月的冬季大特賣，打折促銷出清。這種做法是，考慮到商品**企畫失敗而降價求售，或存貨過多致使公司虧損，而將蒙受的損失提前轉嫁到商品價格上**，結果讓消費者成了冤大頭。

有別於這樣的傳統慣例，從計畫階段便開始思考入季之後如何因應，就是二十一世紀型的時裝業風險管理。

計畫以一年為單位，管理以一週為單位

無論是優衣庫或ZARA這樣的製造零售業，都是用一年時間調度原料及材質，盡可能趁早為未來季節的企畫商品做準備，對於每一個商品的銷售管理，則採取零售業慣例，

以「週」為單位來進行。企業本身是依據年目標或月目標在維持營運，這與一般企業都一樣，至於更細緻地選擇以「週」為單位進行銷售管理的理由有二：

其一，消費者從週一開始到週日結束，一週七天就是生活循環，以「週」為單位是為了**符合消費節奏**。

其二，以顧客的消費節奏，「一週」為單位來擬訂銷售計畫（假設），在驗證結論、反省過後，**能夠馬上修正軌道**。如此一來，便能因應消費者的需求或市場變化，不僅能提高業務的精度，還能盡速改善問題癥結點，獲得更好的結果。

零售業，尤其是季節性的時裝商品，如果只配合每月目標，用月份來管理進度，就算意識到變化與落後，想要在季節期間有所因應，根本不可能。因此，零售連鎖店常見做法是，每逢週一檢討上一週，擬訂改善對策，週二起付諸執行，在當週來客與營收最密集的週六日，使營收極大化，這便是業務週期。

接下來，我會在本章討論上述時裝業避也避不了的種種風險，優衣庫和ＺＡＲＡ如何回避以確保獲利，並特別針對季節當下的對策詳述。

2 優衣庫的風險管理

每週針對顏色、尺寸進行周密的進度管理

優衣庫在風險管理最極致之處，是**針對銷售商品的顏色、尺寸，擬訂當週銷售計畫，每週進行進度管控**。

優衣庫每年的營業額目標，是靠每週各商品的銷售件數累積而來。也因此各商品的下單數量都有所依據且明確。在銷售管理方面，如果能拿當週銷售計畫與實際業績對照，進度管理就變得容易，離計畫有多少落差幅度也能一目瞭然。優衣庫便是**依據商品類別、各種顏色、尺寸的每週銷售管理，來執行每週的產銷調整**。

我曾說過優衣庫把商品的平均銷售期間以十二週來操作，但他們並非一次做足十二週的商品量。儘管材料已先備妥，但首先只會針對兩種商品下訂單，一種是所有門市都會上架的商品；另一種是追加下單商品到貨前的前置時間（lead time）裡，預期賣相佳的商品（安全庫存量）。至於其他產品，則配合每週銷售實況，視必要而追加。

發現問題，立即解決

優衣庫是藉由篩選每個季節的款式，將每種款式的下單量拉高到幾十萬件，包下大型優質工廠的生產線或整棟工廠，**靠自己對協力商的生產過程把關**，才得以成功。能做到「配合店頭銷售的追加生產」，正因為追加生產是在調整不同顏色、尺寸的業績後才進行，以SKU為單位（最小存貨單位，例如紅色S號或白色M號）的存貨若遇缺貨、庫存過多，就有機會調整。

優衣庫本部的商品企畫人員與商品專案負責人，每週都會針對負責的商品，進行該週的銷售實績與未來需求預測，思考要追加哪些商品。如果遇到一反當初計畫、營收慘淡的商品，也會降低原定的追加。重新審視每週銷售實績與需求預測，再決定繼續進行或喊卡停止，這是商品企畫人員的重責大任。

另一方面，已經進入生產階段的商品，如何進行銷售上的調整，就是總部的存貨管理員的工作了。每一種商品都有自己的當週銷售計畫，對照計畫又熱賣了多少、滯銷了多少，一目瞭然。

只要出現銷路不佳無法按原訂計畫賣出的商品，為了使銷售數量回到計畫正軌，會斷然實施與廣告單配套連動的限時折扣。

優衣庫習慣做計畫生產及計畫銷售，他們認為即便計畫落差只有一星期，都足以對未來產生影響。無論是計畫不周，或天候不佳等理由，對落後的進度擱置不做為，日後都可能要靠大幅度的降價活動才能挽回頹勢。這也意味著喪失大幅度的利潤。**因此，只要發現與計畫有出入，在損失擴大、為時已晚之前，亦即銷售期間商品仍大量殘存之時，就要立即解決問題**，這便是優衣庫的經營方針。

限時降價背後的原因

當商品賣相不如計畫預期，常見的做法是壓低價格，增加銷售數量。特別是主打基本款休閒服的優衣庫，降價求售這一招經常是藥到病除，立即見效。

基本上，廣告單的商品陣容在夾報前兩週就定案，但也會將每週會議上報告的異常狀況與新提案的降價內容納入考慮，使得該週廣告單商品經常有價格異動或有商品抽換，到了付印前一刻還在斟酌商討是家常便飯。

從本週五到下週一，實施四天限時折扣的商品，其銷售數量一旦返回計畫正軌，就會回到原來的價格。如未回到既定軌道上，有時會繼續把折扣延到週四，讓它成為本週折扣商品，或是再次降價，甚至祭出最低價。

廣告單售價的最終定案，至今柳井正會長仍參與決議過程。有關柳井正對於不按計畫走，賣得不好的商品降價的看法，他在《成功一日可以丟棄》中描述：

> 就算是擺在會議桌上準備降價討論的商品，出了會議大門絕大多數還是難逃滯銷的命

運。結果是，為了徹底清倉，商品必須一再降價。

實際上，實務能力越高強的商品企畫人員，越能在第一時間變更售價以因應。即使這商品沒能取得毛利也無妨，只要追加其他暢銷商品的訂單即可彌補。每週一次的會議裡，就是不斷針對變更售價、追加生產、中止生產這些事情做出決議。

大部分的人以為優衣庫是為了提高營業額，才會每週做優惠活動。其實這是優衣庫**為了調整各個商品的銷售計畫與現況的落差，所進行的限時降價**。他們與市面上的時裝連鎖店那種：只要一天的營收計畫未達標，就毫無章法限時特賣或全面九折、八折的做法有所差異。

話題可能有點偏離，不過商品全面折扣的做法，也許真的可以讓營業額提高，但只能加持到暢銷商品，讓它繼續熱賣，原本就滯銷的商品則照常背離計畫，因此**這一招無法成為滯銷商品的根本對策**。商品全面折扣促銷只是一時的權宜之計，往往接著就發生暢銷商品調度不及、缺貨、業績低迷的情況，這種事在業界屢見不鮮。

3　ZARA的風險管理

「不夠再做」的生產模式

相較於優衣庫專注於不受流行左右、但每季一定會穿到的商品，ZARA賣的是難以預料實際上是否有需求、又會熱銷到什麼地步的流行時裝。如果要用一句話來形容兩者在風險管理上的差異，或許可以說優衣庫是力求全部賣光，ZARA則是認為商品不夠的話，再生產就好。

我在第二章第二節提過，ZARA在各個子品牌裡的商品陣容，是搭配商品特性分成三種類別。我想把這個分類再做一次整理：

第一種，壁面的系列商品。每一季，以歐洲時尚風格為基調來企畫流行時裝。第二種，展示桌上疊放的商品。偏基本款的針織衫或T恤、牛仔褲、休閒褲等休假時穿著的商品。第三種，掛在活動式衣架桿上、視季節所需的單品商品。

ZARA的風險管理，是依據這三種分類的商品特性，各有不同規畫。

壁面區的流行時裝最容易受到潮流左右，賣不出去的風險也最高。桌面區比較基本款的休閒商品，由於客群寬廣，只要數量掌握好，不會造成巨大損失。對此，ZARA的因應機制是，**滯銷風險高的系列商品，產地就在總部四周區域範圍內**（如西班牙、葡萄牙、摩洛哥、土耳其等鄰近地區），**可以等到不夠再做，配合門市需求在最短時間內少量生產，至於桌面區的休閒品項，則外包給東歐或亞洲協力商。**ＺＡＲＡ自有一套與眾不同的供應鏈管理體系。

以下我就針對極致的垂直整合模式，也就是ＺＡＲＡ**的真本事**（不夠再做都可以的系列商品），分析每週的營運模式。

一眼看出「必須等不夠再做的商品」

第二章曾提及，季節之初，設計師會根據蒐集來的所有資訊預測流行時裝趨勢，只做出相當於季節營收二五%的存貨。一般時裝品牌的做法，則是在季節一開始，就在門市擺出系列商品，代表耗費一年精心準備的品牌集大成，並以此做為終點。但對ＺＡＲＡ來說，季節之初的上架只不過是暖身完畢、剛要起跑而已。

ＺＡＲＡ每週固定會有兩天向全世界的分店送入新品。ＺＡＲＡ商品的平均販售期間是四週，顧客都有過「現在不下手、明天就沒有」的經驗，因此只要試穿滿意，當場就會掏錢買。也就是說，**是暢銷商品還是滯銷商品，當場就有定論**。

成交的商品資訊，會透過收銀機的ＰＯＳ系統傳送到總部。對於人氣商品下一次的補貨，總部電腦會根據存貨量與未來銷售預測自動計算出結果，再用行動電話向各店布達補貨的建議數量。各店商品負責人若覺得可行，就可以接受建議，要是判斷該店不需要這類商品，也可以撤銷，告知總部不必再送。

另一方面，針對能引起客人注意而願意試穿、卻放棄購買的商品，員工也會思考臨門缺一腳的成因為何？該怎麼做才能賣得好？這些事在每天早晚二次固定召開的門市員工會議也會提出討論。門市員工將在顧客身上感受到的質化資訊，又細分為女裝、男裝、童裝等不同商品類別，向西班牙總部的各國產品經理報告，整合出的結論成為他們稍後與設計師、生產負責人討論下一次製造商品時的線索。

越往季末，好商品越多

設計師在接獲資訊之後，馬上進行商品設計，前往總部的樣品工廠，在資深打版師的監督下試做樣衣（prototype sample），再請常駐的試衣模特兒進行試穿，之後修改成最終版樣品。

同時進行的布料染色工程一旦完成，布料的剪裁會在總部處理完畢，再與圖樣、樣品、早已備妥的鈕扣等副料，一起送往外包商的縫製工廠。打樣時，同時也會進行成本試算，看看到底需要投資多少，因此ＺＡＲＡ從分工到外包做得非常流暢，對於成本也是竭盡所能地把關。

ＺＡＲＡ在阿特索工業區的總部附近有十間工廠，在工廠被剪裁過的零配件與副料會

ZARA從設計到生產端的流程圖

❶ 接獲資訊，設計師進行新款設計

❷ 樣品工廠打版師進行試做樣衣

❸ 常駐模特兒進行試穿

❹ 總部內自行進行剪裁作業

❺ 與副料一起交付外包的縫製工廠進行車縫、加工

❻ 總部內自行品檢、控管品質，熨斗整燙完成

送往西班牙、葡萄牙、摩洛哥的外包縫製工廠。車縫完成回到總部之後的商品，待品檢完畢進入熨斗整燙後正式完成，接著會被繼續掛在衣架上，由倉庫的高速自動分撿系統做好分類，兩天後送往全世界各個門市。

每週觀察顧客反應改良商品

在總部從設計到配送各國分店，只需要短短四星期。這是一個在最短時間只做最低需求量的生產架構，一九八〇年當ZARA還只在西班牙國內展店時，**曾接受日本豐田汽車的即時生產制度（Just-in-Time system，簡稱J－T）指導，因而樹立基礎，並將其改良繼續施行**。

對ZARA而言，季節之初的商品企畫，約占營收二五％的商品，雖然只是基於設計師的假設而來，入季之後才要再做的**剩餘七五％商品，實則為每週觀察店內顧客反應後設計而來的改良商品**。這也是為什麼其他的時裝品牌在季節之初擁有最充足的系列商品，之後隨著時間逐漸失去吸引力，顧客不再上門。**ZARA則是隨著季節時序的更迭，出現越多讓顧客更想要的商品，反而讓人越來越想上門逛逛**。因為在銷售的巔峰期已經預備好滿滿的暢銷商品，ZARA字典裡沒有「錯失商機」四個字。

因此，ZARA在整個季節之中幾乎沒有降價求售的時刻。在時裝業界，從訂價來看平均降價率一般是三五％，ZARA只有一〇％（順帶一提，筆者推估優衣庫為二五％左右。第五章有詳細說明）。

高速營運是這樣達成的

在ZARA店頭每週二次進貨的商品，**有一半是暢銷商品的補貨**，有一半是新商品。總部為了想在發售後的第一週就精準判別哪些商品能賣、哪些會滯銷，每週進貨時，新商品的比例會比較多。

總部每週會有二次會議，是以各國產品經理為中心召開。每週一的會議進行上週營業額的驗收，並擬訂這週四、五的對策。其次，每週三的會議則針對當週的前半段情形檢核，並調整週五要推出的商品，也為下一週的前半段擬訂對策。

相同事情重複二次

前文提過，許多零售業，會把前一週的檢討拿到下週初來進行，在該週週末落實其反省結果，以一週為業務週期是他們工作的基本型態。**ZARA不太一樣，它把一週切割成兩部分，週一到週四的平日時段，及週五到週日的週末時段，一週就進行二次PDCA循環。**

零售業多半都會聚焦在一日就能坐收高營業額的週六、週日，並全力衝刺。但大家普遍忽略了平日，特別是一週最初幾日的業績低迷，這成為每週營運的盲點。ZARA藉由每週一在店裡上架眾多新商品，一邊紮實補充平日的需求，一邊磨練業務的速度感。

由筆者的經驗來看，像ZARA這樣每週一與週五推出商品的企業，推測其營收比重，週一到週四，週五到週日都各占五〇%。也許有人會擔心，一週進行兩回合的PDCA循環，豈不是像汽車產業，但是若把一週分量用相同比重分成兩段，兩段一樣重要，相同事情重複進行二次，供應鏈不至於難以負荷，又能減低預測失準的風險，一般認為這樣做反而能大大提高業務精確度。

ZARA因為是工廠出身的SPA，又是注重生產端穩定產能利用率的零售業。其自家工廠通常是從早上到傍晚只有一班制在工作，這是為了保護繁忙期不受任何混亂影響而做的考量。另一方面，向世界各地快速配送商品的物流（倉庫物流）則是二十四小時運轉的高度自動化狀態。

ZARA的快速營運，能夠順暢運行的背景原因是：它以永續為關鍵，**將供應鏈的最適化拆解成速度與穩定的產能利用率兩方面**。

把工廠閒置時間轉為利潤的祕密

這套快速反應機制（quick response，簡稱QR）配合當下的每個狀況，想要時就能短時間生產需要的量，前提是必須擁有自家工廠，對於協力廠商則是靠著嚴格的成本及交期管理換來持續性的出單。雖說每週會有二次來自ZARA的訂單，緊急的快速生產間隔中，工廠一定會發生閒置時間。

ＺＡＲＡ外包的縫製工廠，第一優先處理流行時裝的快速反應生產排程，同時為了確保空出來的待機時間產能利用率，會進行**偏基本款商品的囤積生產**。這一類商品會打上「W&B COLLECTION」標籤，在一年二次大特價之前或結束後，趁顧客對價格尚處敏銳的換季期間，在活動式衣架桿區以較為便宜的價格販售。

高附加價值流行時裝的快速反應生產能力，基本款商品的外包，快速生產空檔做起來放的低價服飾商品，以上三點皆可以看出它為了配合店頭商品陣容的產品組合，供應鏈的運用方式極其高明。

4 — ZARA製作「全世界都暢銷的衣服」

我行文中使用了「時裝趨勢（fashion trend）」一詞許多次，這是怎麼決定出來的？時裝趨勢的傳播過程，傳統都是以歐洲設計師系列為標竿，各國時裝公司拿它來搭配市場特性介紹給大眾。加上現代發達的網路，消費者本身走在街頭、或看到SNS（Social Networking Service，社交網路服務）張貼的訊息，隨時隨地可以模仿或觀察到穿著風格，取得最新的流行趨勢，當兩者合而為一，就對當地市場產生影響。

儘管如此，在這大量流行資訊之中，被**公認為世界共通點的依然是歐洲設計師們發布的歐洲時尚風格**。ZARA也是以歐洲時尚風格的趨勢為基礎進行設計或商品企畫，再用親民的價格提供給大眾，這就是其經營方針。

即便了解流行的共通點，嗜好畢竟因國而異。要想在各國市場得到好成績，就必須入境隨俗，融入當地穿衣習慣。然而，ZARA總裁奧爾特加的方針是：「不要為個別國家做衣服，要做每個國家都能暢銷的衣服。」

以下就來考察，對於喜好、氣候、文化不同的國家，ZARA如何進行世界共通的商品企畫。

每款商品只做一個顏色

前面數度提及，ZARA所提出的流行時裝提案簡單易懂，是在人人衣櫥裡都有的黑或白或駝色等基本色調的衣服上，配上每個季節的流行色或流行圖樣。

在ZARA的店裡，無論是哪一個主題區，都一目瞭然。每個區都有黑或白等每一季不可或缺的基本色，**除此以外的顏色則篩選到只剩特定的一種流行色，最多兩種**。印花（print）等會使用多色的圖樣也一樣，比方說花的圖樣，就只會使用到基本色系的黑與白，再加上該主題所推出的流行色，總共只用到三色。

篩選出基本色與流行色一色做為造型提案，藉由提案，顧客很快可以理解到流行色是哪個顏色？這顏色與衣櫥裡原有的衣服要怎麼搭配才好？對ZARA來說，樂得輕鬆，無須擴充衣服色系，因此也就不需要擔心或管理不同色系的剩貨。

為了不滯銷刻意安排的商品策略

在日本的時裝業界，每個商品平均有三種顏色，有時因商品企畫人員的癖好或個人習慣，甚至會超過三色以上。**在ZARA店裡絕大多數是一個商品只做一個顏色**。查查該公司的官方網站便可以知道，造型提案的商品只用一色，至於風格偏向基本款、被客人視為配件單品的便宜實用商品，則採用同款多色。視商品的定位，各有清楚明確的選色機制。

為什麼做法上會有這樣的差異？

這是**因為日本企業提案的是「商品」，會為了增加顧客選擇而提供同款多色。而包含ZARA在內的多數歐洲企業所提案的是「造型」**，他們在搭配、呈現商品時，用不到的顏色就大膽捨棄，商品企畫在想法上各有不同。

本章一開始，曾提到「滯銷商品」其中一種，就是商品本身即使暢銷，但因特定某種顏色賣不好，一樣造成大量滯銷。那是企業一廂情願認為增加色系能幫顧客增加購買時的選擇，是好事一樁，但在實際搭配穿著時，卻是難以搭配、不必要的顏色，這便是滯銷所呈現出的結論。

造型提案中，流行色只放一種顏色。因此，這個流行色是否受到顧客支持，馬上可以判別出來。這應該也是**依據各國喜好顏色不同，為了不滯銷而刻意安排的商品策略**。

從寒帶到熱帶都能因應的商品開發力

前面提過ＺＡＲＡ基本上不會為了特定國家製作商品，但用心傾聽各國分店的意見，是該公司最重要的經營方針。

各分店的心聲由當地營運處的區域負責人彙整，再向總部的各國窗口產品經理報告。會議中各國的意見會一一提出，只要好幾個國家贊成，能夠累積到一定的生產量，就能進入商品化階段。

全球共通商品的企畫基準，是由包含西班牙本國在內的歐洲、美國、東亞、日本這幾個國家共同形成的。

北半球與南半球因為季節相反，設計師團隊的會議、業務、行銷的會議都會個別召開。南半球有三成左右的商品是沿用北半球六個月前的設計，剩餘七成則是獨立進行商品企畫。

使用恰到好處、全季都能使用的材質

由於分店大多數位於北半球，先以流行性的觀點來看，北半球分成兩種市場：喜愛流行時裝的市場，與偏好基本款的市場。接著是關於氣溫，相較於中間值，分為俄羅斯、北歐等寒冷國家，阿拉伯、印度等炎熱國家，以及東南亞的熱帶國家。

面對如此的大分類，**整體規畫七成以上是共通商品，剩餘三成則開放給同屬性的分店群或各個國家，從世界共通商品中挑選、自主取捨商品**。

全球分店的壁面區流行時裝系列商品幾乎是共通的，然而研判在自己國家一定推不動的主題可以省略不用。**因應當地市場需求的商品，通常是位於展示桌區的上衣與活動式衣架桿區的商品**，這些商品符合當地的消費嗜好、氣溫與文化。

主題或顏色雖然是採用與該季流行趨勢一致的元素，為了能夠在全氣溫帶都可以銷售，氣溫會被設定在日本從春天進入夏天左右的溫度，使用恰到好處、全季都能用的材質，在商品設計方面的思考則是讓寒冷國家洋蔥式層疊穿上針織衫或大外套來因應。

季節之初的商品陣容是依據以上的思考模式打造。產品經理為了找出最適合市場的商品，參考各國顧客反應一邊修正，不斷每週重複改善商品陣容。

英德斯集團的公關部門提到，**在北半球的冬季，ZARA照常在赤道上的國家推出外套或針織衫**。冬衣商品暢銷的件數完全視氣溫而定，加上在炎熱國家裡原本就不會有其他服飾企業販售冬衣商品，消費者很清楚只要來到ZARA，就可以買到外套等冬天衣物。如此一來，便有一批客人固定會在出差或前往寒冷國家旅遊前入店採買，據說冬衣商品很少會賣不完。

ZARA在美國門市不多的原因

在GDP高、衣服市場龐大的國家，ZARA的展店空間照理說相當有前景，**美國偏偏是例外**。

一九八九年的海外布局，ZARA在進軍法國之前，選擇先一步在美國紐約搶灘，旗艦店開幕。雖然是在美國這個GDP與服裝市場規模都是世界第一的土地上，直到二〇一八年一月為止，ZARA在美國僅開設八十七家分店。ZARA在中國有一百九十九家分店、在日本有九十八家，甚至於同為歐洲系的時裝連鎖業H&M在美國都擁有五百四十三家分店。

其實，一九八九年在紐約展店，不僅為了從位於西班牙西側的總部召集出一批有幹勁的設計師，也為了想要知道ＺＡＲＡ的商業模式是否適用於紐約，同時帶有蒐集資訊等行銷目的。一號店開幕時，取得大成功，見到店內興奮不已不斷穿梭試衣間的眾多女性客人，奧爾特加掩不住激動躲進廁所流淚。但在之後還是嘗到美國市場的現實。

入主美國後，終於了解**美國多數城市喜歡像ＧＡＰ或Limited Stores這樣的基本款休閒服，而且絕大多數的客人都是低價導向**。ＺＡＲＡ不得不作出結論：在美國，只要不是都會型辦公室密集、有很多在意服裝打扮的職場女性的幾個特定城市，無法認同ＺＡＲＡ的流行性。

然而位於美國大都市的門市，作為世界的展示間，觀光客的需求也已然形成一股無法忽視的力量。因此ＺＡＲＡ於二〇一二年，在曼哈頓第五大道開設了一家針對全球顧客、全新概念的大型旗艦店。

5 一件不剩賣光光

在本章末尾，我想談談銷售期間結束時，也就是季節進入尾聲之前，如何讓商品完售的種種策略。

時裝商品雖然在現實中不會腐敗，但仍被稱為「生鮮」。畢竟穿著期間有限，而且無從預測今年流行的商品與顏色，到了明年能否持續流行或暢銷。這就是為何店家就算血本無歸也要努力賣完，否則累積到明年才賣，還得持續負擔倉儲費用、運費、管理成本，讓人更心力交瘁。

因此一般企業認為，**每一季都要賣光確保利潤，拿存貨換現金，再把現金拿來用在下個季節，作為新鮮商品進貨的本錢才是上策**。

時裝商品在店內上架之初價值最高。那之後，會因眾多客人光顧，使得人氣商品、銷路好的顏色、尺寸逐漸缺貨，時間越久殘存商品的價值就越低落，這道理人人皆知。**因此時裝企業會自己幫商品設定一個「銷售期間」，意思與食品的賞味期限差不多，並在銷售結束日之前努力賣光，這絕對是業界在鮮度管理上的鐵則**。

優衣庫清倉，靠降價與集中

如前所述，優衣庫對於所設定的十二週商品平均銷售期間，從一開始就訂定各週的銷售計畫，管理每週門市的銷售進度，面對銷售落差，會用追加生產或停產、限時降價等方式從製造與銷售兩邊下手調整，按照計畫努力賣完。

在迎向當季的銷售巔峰之前，全店為了避免出現缺貨而上緊發條。巔峰期一過，來到季末銷售完了的階段，為了計畫性地在架上替換下一季商品，會進行降價清倉。對於不同門市在商品清倉過程出現的消長，**負責區域門市的區域經理會與存貨管理員合作，將這些商品集中到區域內銷售能力強的門市出清**。那些無須換門市就能慢慢在自家完售的商品，則交由各家店長指示再度降價，在賣場各區設置的花車上自行清倉。

ZARA完售，靠新造型提案與店內營造

回來看ZARA，其店長與各個子系列的主管們，在達成營業額目標的同時，想的始終是每一個商品的消化率與週轉率。

特別是ZARA壁面區的流行時裝系列商品，以四週內完售為基準。因此，他們會把不太好賣的商品移至來店客人目光所及之處；改變造型提案的穿搭方式；或是配合週一與週五新品上架時段，進行全系列商品重新擺放布置。如此，**把努力的焦點放在如何給客人踏入店內時有煥然一新的印象，總之不能讓顧客逛膩了**；也在新的穿搭點子上投注心力，

啟發客人新的靈感，進而願意埋單。因為銷售期間只有短短四週，**「今天不下手明天就沒有」的消費者心理驅力**，也帶動清倉速度。

一年只有二次大特賣

總部負責各國窗口的產品經理，會配合週一與週五店內更換布置，指示分店在週三當天為各分店之間的存貨做調整，進行商品移動。若商品庫存僅剩少數，則在顧客最常進出的試衣間附近，集中擺放在能見度高的圓型展示層架。至於只剩最後一件的商品，會吊掛在收銀機旁的人氣商品最後一件專區（最後一件洋裝），以吸引顧客目光。

像這樣想方設法為了賣出最後一件，正是各門市被交付的任務。

ZARA除了每年六月底開始的夏天大特賣及年底開跑的冬季大特賣，原則上沒有任何降價活動，他們所思考的是如何用正常售價賣光商品。

於是，**大特賣一開跑，ZARA店裡馬上從造型提案式賣場，變身成為不論商品種類都用均一價銷售的特賣會場**。為了讓平時來店尋求造型建議的顧客，在特賣時關心焦點也在降價上，ZARA以價格為主軸打造出更好挑選、更好下決定的賣場，這是體貼顧客立場所努力營造店內風格的特色。

順帶一提，相關人士透露，ZARA送往各國的商品在該季之中就要完售，賣剩的商品會在各國焚燒銷毀。**優衣庫在季節之中以一週為單位進行產銷調整，ZARA把季節之**

初當成起跑線，逐步提高當季商品陣容的精準度。

二十一世紀型的時裝企業，不只是照著計畫生產、銷售商品，它們也身段柔軟，配合顧客與市場變化，一心想要改善商品陣容，這些企業用心銷售以提升利潤，在交付顧客手中之前，直到最後一刻，目光都未曾離開商品。

UNIQLO

第 5 章

用數字認識這兩家企業

優衣庫的「零售業」體質，
ZARA 的「製造業」體質

VS ZARA

1 從營業利益率及投資標的看企業的真面目

本章將以具體數字考察優衣庫與ＺＡＲＡ，看看這兩家企業各自的實力、全球總營收，以及是用怎樣的損益結構來提升業績。

英德斯集團營業額全球第一、迅銷排名第三

表5-1是二〇一七年度結算，全球年營收一兆日圓以上的六家時裝公司營業額與門市數。**在這些服飾企業中，迅銷的營收是全球第三名。其中，優衣庫這個主力品牌占營業額八一．六%**，對整體營業利益的貢獻則是九五．八%。**優衣庫日本國內事業群的貢獻度尤其高**，營業額占比為四三．五%，營業利益占比為五四．四%。海外事業部分占整體營收比重三八%，營業利益占比為四一．五%。

另一方面，ＺＡＲＡ在全球營收第一名的英德斯集團中的營業額占比為六五．六%，營業利益占比為七〇．一%。

優衣庫與ＺＡＲＡ究竟各自的損益結構如何，我們從迅銷與英德斯的損益表試著彙整出其企業特徵。（如表5-2、5-3）

首先請各位理解，迅銷與英德斯集團已都是控股公司（Holding company），旗下各品牌（事業部門）損益明細的公布方式各有不同。

迅銷對於「優衣庫」品牌的做法，其營業額及利潤貢獻最大的優衣庫日本國內事業（優衣庫株式會社），是在每年結算發表時用「Fact Book」[14]這份資料公開所有詳細資訊。至於發展中國家的優衣庫海外事業，則除了營業額、營業利益、門市數以外，其他詳細資訊未對外公開。

英德斯面對「ZARA」品牌的做法，除了公開全球的營業額、營業利益、門市數、賣場面積等，其他相關經費的詳細資訊未對外公開。因此，在這裡我使用象徵優衣庫品牌的「優衣庫日本國內事業」的損益模式，還有以ZARA的商業模式當做範本，陸續開發、擴展多個品牌，坐擁ZARA與姊妹品牌的「英德斯集團」整體的損益模式，來比較兩者特徵。

5-1 年營收一兆日圓以上的6家時裝企業營業額與門市數（2017年度）

排名	公司名稱	結算期	年營業額（億日圓）	較前年增減	營業利益率	總門市數
1	英德斯（西班牙）	2018年1月	3兆4,203	9%	17.0%	7,475
2	H&M（瑞典）	2017年11月	2兆7,600	4%	10.3%	4,739
3	迅銷（日本）	2017年8月	1兆8,619	4%	9.5%	3,294
4	GAP（美國）	2018年1月	1兆7,248	2%	9.3%	3,594
5	L Brands（美國）	2018年1月	1兆3,742	0%	13.7%	3,075
6	Primark（愛爾蘭）	2017年9月	1兆0,854	19%	10.4%	345

註：匯率換算期：2018年1月31日。1美元＝108.8日圓，1歐元＝135日圓，1瑞典克朗＝13.8日圓，1英鎊＝153.9日圓

[14] 譯註：資料參見 http://www.fastretailing.com/eng/ir/library/factbook.html

5-2 迅銷集團各事業部門財務與門市分析 （單位：百萬日圓）

優衣庫事業部門	國內事業	海外事業	海內外事業合計	其他事業	迅銷集團
營業額	810,734	708,171	1,518,905	343,012	1,861,917
比重	43.5%	38.0%	81.6%	18.4%	100%
營業利益	95,914	73,143	169,057	7,357	176,414
比重	54.4%	41.5%	95.8%	4.2%	100%
營業利益率	11.8%	10.3%	11.1%	2.1%	9.5%
門市數	831	1,089	1,920	1,374	3,294
比重	25.2%	33.1%	58.3%	41.7%	100%
賣場面積	73萬m^2	89萬m^2	162萬m^2	76萬m^2	239萬m^2
比重	30.5%	37.3%	67.9%	32.1%	100%

5-3 英德斯集團各事業部門財務與門市分析 （單位：百萬日圓）

事業部門	ZARA事業	其他事業	英德斯集團
營業額	2,243,700	1,176,660	3,420,360
比重	65.6%	34.4%	100%
營業利益	408,240	174,150	582,390
比重	70.1%	29.9%	100%
營業利益率	18.2%	14.8%	17.0%
門市數	2,251	5,224	7,475
比重	30.1%	69.9%	100%
賣場面積	290萬m^2	183萬m^2	473萬m^2
比重	61.3%	38.7%	100%

時裝連鎖業的三種商業模式

毛利率（營業額總利益率。從營業額扣除成本得到的毛利，再除以營業額得之）可以大致掌握一家企業或品牌採用何種商業模式。

日本的時裝連鎖業在一九九〇年代之前，多經由製造商批發進貨，那時有許多企業，毛利率四〇％至四五％，銷售管理費率三〇％至三五％，其營業額只要殘餘五％至八％的營業利益就算及格。事實上，這也是優衣庫早在九〇年代從進口（品牌平行輸入）或量販導向的成衣製造商進貨來賣，當時的損益結構。

然而，進入二十一世紀之後競爭變得激烈，房租與人事費用上升，時代中應運而生的SPA（服飾製造零售業）興起，在激戰中勝出的時裝連鎖店的商業模式大致上被歸納為以下三種。

①高週轉率、高毛利率的流行時裝SPA

這一類的SPA為了讓流行時裝商品擁有高週轉率，會

5-4 SPA三種商業模式的比較

	流行時裝SPA	基本款休閒服SPA	折扣店模式	參考：90年代的時裝連鎖店
營業額	100%	100%	100%	100%
營業成本	40%	50%	65%	55～60%
毛利	60%	50%	35%	40～45%
管銷費用	45%	35%	25%	大約35%
營業利益	15%	15%	10%	5～8%

專挑集客力強大的購物中心或房租貴的站前地段展店。為了因應高成本，藉由ＳＰＡ來抑制成本率，成為高毛利率、高管銷費率的結構，毛利率約在五五％至六〇％左右。例如：ＺＡＲＡ、Ｈ＆Ｍ，日本的LOWRYS FARM（point，波茵特集團）、earth music & ecology（Stripe International，克洛絲股份有限公司）、AZUL by moussy（BAROQUE JAPAN LIMITED，巴羅克日本有限公司）等。

②基本款休閒服ＳＰＡ

這一類的ＳＰＡ，雖然透過ＳＰＡ化降低成本率，預期可以得到高毛利率，但因為是基本款商品，還是得和其他公司在品質、價格上競爭。品質提升的同時，如果不在價格上調降，雙管齊下回饋顧客，就無法殺出重圍。毛利率就結論來看無法如①類ＳＰＡ那麼高，約在四五％至五〇％左右。例如：ＧＡＰ、優衣庫、無印良品等

③低成本的折扣店模式

折扣店的營業形態，一般多選在租金便宜的地段展店，透過手冊化落實員工少也能經營的模式，因徹底實踐低成本化，通常以顧客會覺得賺到的低廉價格來銷售。毛利率在三〇％至三四％。例如：思夢樂（Shimamura）、西松屋等。以下幾家資訊未公開，尚無定論，不過一般認為愛爾蘭的Primark或美國的Forever 21也是新形態的都會型折扣店模式（參閱第六

章）。方才已經舉例說明，優衣庫是第②類模式，ZARA則是第①類模式。

優衣庫與ZARA降價幅度都低於業界平均

在談到營業成本與毛利時，絕不能避談的是：無論高賣或低賣，營業成本不會改變，但**毛利卻是包含降價、買賣之後所實現的，是營業額與營業成本的買賣價差**。

一開始用什麼價格進貨，之後用什麼價格開始賣，降價多少，最後賺了多少毛利，各企業的特徵全顯露在這個過程管理上。

圖5-5是關於成本結構與降價以及最終毛利的關係，這是筆者依據業界消息估算而來的，表格呈現出一般日本國內SPA模式，與優衣庫、ZARA的模式有何不同。

一般的SPA模式（圖表的業界水準）是以三〇%或未滿三〇%的成本率來進貨，平均降價幅度為三五%，最終殘餘五五%的毛利。

相較於此，**優衣庫是用四〇%左右的成本率進貨**，平均降價幅度為二五%，**最終殘餘五〇%（將近）的毛利率**。

5-5 成本結構與降價、最終毛利的關係

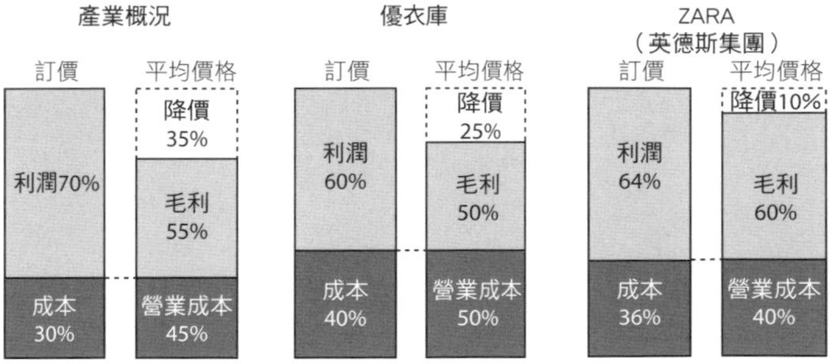

ZARA的模式是三六%至三七%的成本率，平均降價幅度控制在一〇%左右，最終**把毛利率拉升到大約六〇%**。

訂價合理，巧妙控管降價

許多企業從一開始就假設商品企畫會失敗，或可能遇上削價競爭引發降價。因此在採購商品時盡可能壓低成本，並在銷售一開始就把當初標價刻意設高，以防將來降價時壓縮到利潤。

相較之下，雖然優衣庫每週實施限時特賣等活動，看起來像是有許多降價的活動，但從**降價幅度的控制比例來看，還比業界標準低一〇%**。這只能說，關鍵在於商品進貨時，如何努力為消費者提供物超所值、價格親民的優質商品，並巧妙控管降價。

另一方面，ZARA的第一守則，是在一開始就用顧客可接受的價格銷售，並企圖以低訂價賣完。他們設法提高商品的命中率、並將避免生產過多無用存貨、確實賣完所有商品當成核心任務，進行少量快速生產。說穿了，因為**不預設會發生存貨過剩帶來無謂的降價**，也就不需要將降價的部分轉嫁到價格上。

因此，一開始的訂價，就已經是合理的最佳價格。絕大部分的商品都是用訂價銷售一空，**訂價產品銷售率**（以訂價賣出的商品比例。以訂價賣出的數量÷淨進貨數量）八五%以上，超越業界水準的五〇%至六〇%。降價幅度則控制在業界水準的三分之一以下。從結論來看，ＺＡＲＡ連毛利率都能拿下超出業界水準許多的好成績，應該可以說是策略受到顧客支持的緣故吧！

優衣庫投資在廣告宣傳，ＺＡＲＡ投資在門市營造

接著我們來看商品買賣賺到的毛利，兩家企業的經費如何分配。這也會顯露出企業或品牌的經營方針。

企業分析最常出現的手法是把各經費項目除以營業額，以營業額比率來比較，但畢竟毛利率會因各企業的商業模式不同而產生差異，只用營業額比率做數字上的比較，有時候不盡公平。在此，我要透過以毛利為分母的各種分配率相互比較，用以考察兩家企業把賺來的毛利，用哪些比例分配在各項經費中。

流通業較常使用的分配率有促銷分配率、勞動分配率、不動產分配率、利潤分配率，各自的計算公式如下：

促銷分配率＝廣告宣傳費÷毛利

勞動分配率＝人事費÷毛利

不動產分配率＝租賃費÷毛利

利潤分配率＝營業利益÷毛利

有關優衣庫與ZARA，我們試著用這些數據來比較看看（表5-6）。

如此一來，馬上就能看出兩者大不同，**優衣庫壓低房租及門市投資預算，將經費花在廣告宣傳用以吸引顧客；相反地，ZARA不把錢花在廣告宣傳，卻投資在門市營造上**。表5-7與表5-8，記載了更詳細的數據（分別與本書初版時刊載的二〇一三年數據做了比較）。

我也曾在第二及第三章裡說明過，優衣庫無論是在郊區路邊設店，或是進駐購物中心，都盡可能努力壓低房租（路邊地段的租金占營收比重不到四%，購物中心頂多只有七%左右），並節省門市的裝潢投資，轉而進行以夾報廣告單的廣告宣傳。我們從財務報表上的促銷分配率高、不動產分配率低、折舊攤銷分配率低，可以看出優衣庫的策略。與四年前相較，有更多的廣告宣傳力道著重在社群、線上行銷，而不再僅限於以往

5-6 優衣庫與ZARA，利潤投資到哪裡？

	迅銷（優衣庫）2017.08		英德斯（ZARA）2018.01	
	銷售比例	毛利	銷售比例	毛利
廣告宣傳費	3.8%	7.8%	0%	0%
人事費	13.6%	27.8%	15.6%	27.8%
租賃費	9.3%	19.1%	9.3%	16.5%
折舊攤銷費	2.1%	4.4%	3.8%	6.8%
其他管理費	10.1%	20.7%	10.4%	18.4%
管銷費小計	38.9%	79.8%	39.1%	69.5%
營業利益	9.5%	19.4%	17.0%	30.3%

5-7 迅銷集團財務明細表（2013年與2017年比較）

	2013.08			2017.08		
	百萬日圓	各科目占營業額比率	各科目占毛利比率	百萬日圓	各科目占營業額比率	各科目占毛利比率
營業額	1,143,000	100%		1,861,917	100%	
營業成本	578,900	50.6%		952,668	51.2%	
毛利	546,000	49.3%	100%	909,249	48.8%	100%
廣告宣傳費	52,500	4.6%	9.3%	70,937	3.8%	7.8%
人事費	139,700	12.2%	24.8%	252,520	13.6%	27.8%
租賃費	113,000	9.9%	20.0%	174,034	9.3%	19.1%
折舊攤銷費	23,600	2.1%	4.2%	39,688	2.1%	4.4%
其他費用	102,200	8.9%	18.1%	188,036	10.1%	20.7%
管銷費用小計	431,100	37.7%	76.4%	725,215	38.9%	79.8%
營業利益	132,900	11.6%	23.6%	176,414	9.5%	19.4%
總資產	885,800			1,388,486		
負債	306,200			626,443		
純資產	579,500			762,043		
ROCE（營業利益／淨資產）	22.9%			23.2%		

5-8 英德斯集團財務明細表

	2014.01			2018.01		
	百萬日圓	各科目占營業額比率	各科目占毛利比率	百萬日圓	各科目占營業額比率	各科目占毛利比率
營業額	2,257,715	100%		3,420,360	100%	
營業成本	918,077	40.7%		1,495,260	43.7%	
毛利	1,339,541	59.3%	100%	1,925,100	56.3%	100%
廣告宣傳費	0	0%	0%	0	0%	0%
人事費	364,035	16.1%	27.2%	534,735	15.6%	27.8%
租賃費	223,515	9.9%	16.7%	318,330	9.3%	16.5%
折舊攤銷費	115,341	5.1%	8.6%	130,005	3.8%	6.8%
其他費用	221,869	9.8%	16.6%	354,375	10.4%	18.4%
管銷費用小計	924,953	41.0%	69.1%	1,337,445	39.1%	69.5%
營業利益	414,494	18.4%	30.9%	582,390	17.0%	30.3%
總資產	1,856,976			2,731,185		
負債	604,498			905,715		
純資產	1,252,478			1,825,470		
ROCE（營業利益／淨資產）	33.1%			31.9%		

註：以1歐元=135日圓計

的形式（夾報文宣、電視廣告），這部分的廣告宣傳比率也正下修當中。

另一方面，ZARA（英德斯）幾乎不花廣告宣傳費，轉而投資在門市營造。它的房租或不動產分配率偏高，折舊攤銷分配率高也是特徵之一。相較於業界水準（占營業額比重二%至三%），這個高數值（五．一%）表現出他們投資著重在門市裝潢上。

不過，與四年前相較，展店數稍有趨緩，反而是門市改裝或擴增變多了，折舊攤銷比率也相對減少。

ZARA有一組大約三十人的室內設計師團隊，每年都會按規畫在全球各大都會區拓展或改造門市。精心營造門市氛圍，也是為了提升品牌形象而做的投資。

2 透過數據探討優衣庫與ZARA的成長

在檢視優衣庫與ZARA（英德斯集團）的損益體質差異之後，接著就循著數字來探索優衣庫及ZARA一路走來的成長軌跡。

首先是兩品牌的營業額擴大策略。

衝高門市數量是優衣庫成長的最關鍵因素？

表5-9是優衣庫過去十年來營業額與門市數量的變化。如今營業額已是十年前的三．四倍，比起五年前要高上一．九倍。CAGR各為一三％、一四％。

優衣庫日本國內事業，別成長一．九倍和一．三倍（CAGR則各為七％、四％）。近期海外事業增長不少，分別有四一倍、四．六倍的成長。相對而言，日本國內事業成長明顯有趨緩的跡象。毫無疑問，優衣庫近幾年的成長全拜海外事業成功所賜。

累積展店的數量，也逐步推展門市大型化

我們來分析一下優衣庫近十年如何擴張其日本國內事業的營業額。

5-9 優衣庫力年營業額和門市數

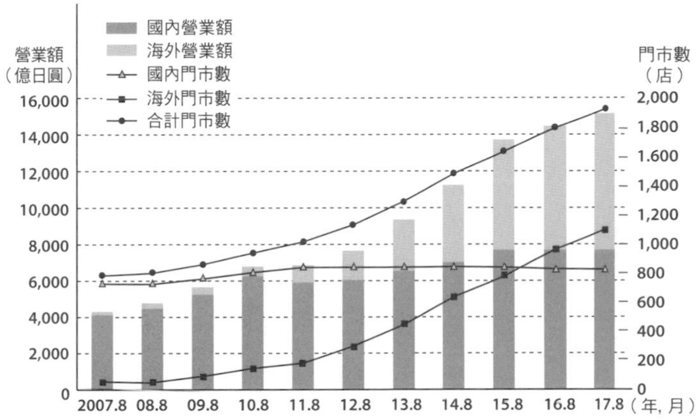

5-10 優衣庫日本國內事業歷年門市數和單店營業額

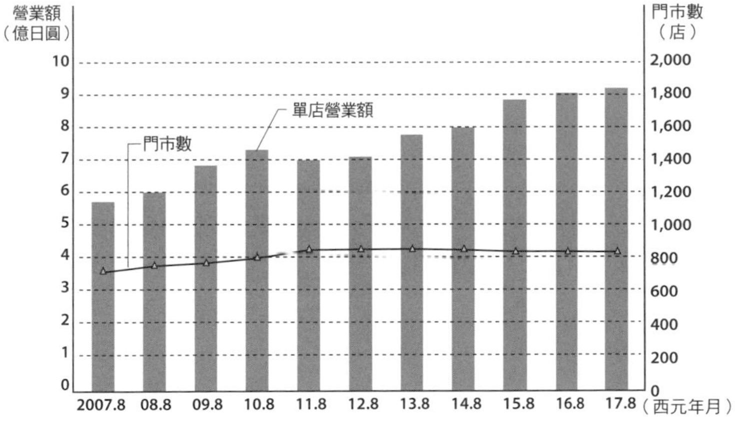

營業額分析的原則，是把金額拆解成數量與單價。表5-10呈現門市數量與每一間門市的營業額。

門市數與十年前相較成長了一．一倍，卻比五年前少了二％，但對應到每一間店的單位營業額卻有一．三至一．六倍的成長。也就是說，在總門市數量不變、甚至略為減少的情況下，每一間店的單位營業額卻有相當程度的成長。

接著，我在表5-11將單店營業額分解成賣場面積與每一單位面積（坪）的營業額。目前每一間門市的賣場面積，遠比十年前大一．五倍，也比五年前大一．一倍。另一方面，每一個單位面積的營業額（譯註：也就是坪效）幾乎未產生變化。這可以說是，**優衣庫在擴充門市數量的同時，也大大擴展了每一間門市的賣場面積，加速衝刺營業額的成果**。

賣場面積的擴展行動，多虧門市果斷啟動「閉店、轉進」（scrap and build）。表5-12是二〇〇七年之後展店與撤店的變化。與十年前相比，門市數量多出八十三家店（年平均八至九家），不過數字裡大有學問，優衣庫是一邊撤掉四百〇六家門市（年平均四十家），另一方面又同時全新開張四百八十九家門市（年平均四十九家）。

這是因為他們一邊關閉一九九〇年代之前，大量設立在郊區路邊一百五十坪不到的小型門市，將之轉換為購物中心內二百至二百五十坪的大型門市；二〇〇七年過後更是大刀闊斧以三百至五百坪的大型店為設店標準進行展店。

優衣庫不只是單純累積展店的數量，也逐步推展門市的大型化。這絕對是優衣庫一路走來過關斬將的成功祕訣。

增店與店長育成速度搭配得宜

連鎖店業界常見急著擴張營業額卻不顧後果，最後自斷生路的案例。不僅在陌生地段新店的營業額還無法確定，事關門市營運的店長培訓速度也許還可能趕不上展店速度，過度展店的確引發許多問題。

結果，人氣店與滯銷店的營業額消長失去控制，員工被裁員，最後全公司陷入惡性倒閉，這在業界時有所聞。

對此，優衣庫高明之處在於，**很清楚什麼地段能夠暢銷，為了在具有潛在市場需求**

5-11 優衣庫日本國內事業歷年單店賣場面積和每坪月營業額

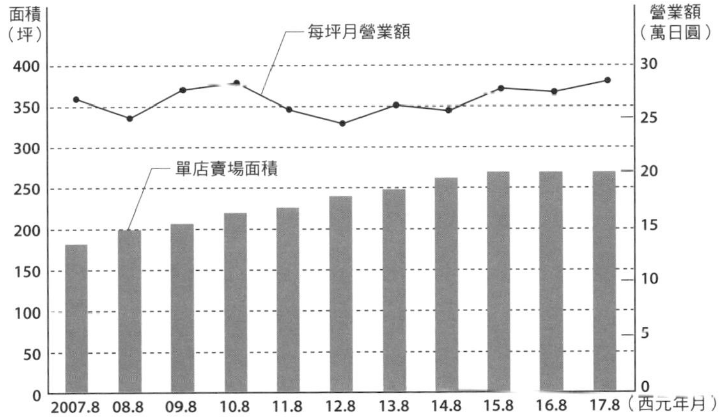

5-12 優衣庫歷年門市數變化

	2007	2008	2009	2010	2011	2012	2013	2014	2015	2016	2017
展店	76	59	56	78	62	25	51	54	45	36	23
關店	48	48	45	40	27	23	43	55	56	40	29
淨增	28	11	11	38	35	2	8	-1	-11	-4	-6
期末門市數	748	759	770	808	843	845	853	852	841	837	831

的地區深耕以擴充營業額，對門市進行裁撤、重設或大型化工程。此外，過去展店不多的東京首都圈與關西圈，優衣庫也會專**挑人口密度高、能坐收高營業額的區域，開設大型的新店**。還有，實際展店數字扣掉撤店數字後，門市的增加（稱為淨增數）相較於培訓出能駕馭大型店的店長育成速度，兩者速度剛好搭配得宜，這也是它成功的因素。

如果用過去業界的常理來思考，**一般隨著賣場面積擴大，密度稀釋後照理說坪效會滑落，但優衣庫每一單位面積卻能保有相同的銷售效率**，十分厲害。其中像是優衣庫選擇仍大有成長空間的女裝商品進行擴充，以及這種開創出貼身衣物類的新市場需求，增添銷售機會亦是很大的關鍵因素。

在近年日本國內市場飽和，展店效率及展店數趨緩的狀況下，優秀營銷人才的外流也是經營者不得不面對的課題。

ZARA靠「分散展店策略」大大成長

接著來看看ZARA的成長，目前營業額是十年前的二．六倍，五年前的一．六倍。年CAGR各為一〇%、一一%。門市成長各為一．七倍及一．二倍。

每一間門市的營業額，與十年前、五年前相比，維持在一．五倍與一．三倍。同一間門市的賣場面積分別有一．二倍至一．三倍的成長。每面積單位的營業額約有一．一倍的幅度變化（如表5-13～5-15）。

5-13 ZARA歷年營業額和門市數

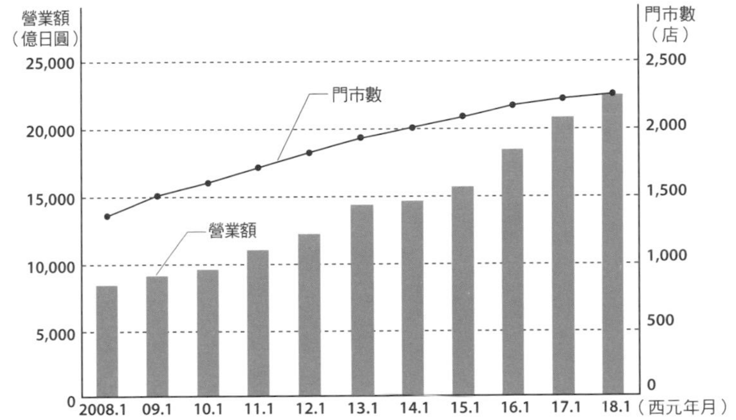

5-14 ZARA歷年門市和單店營益額

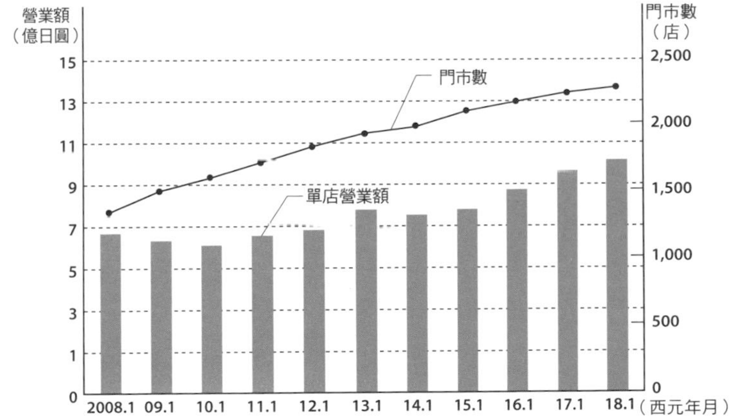

從這些數據可以看出，優衣庫在這十年致力於小型店的大型化工程、大規模門市的展店；ZARA則是**靠著增加門市數，讓門市朝大型化發展，同時衝高每單位面積的營業額**。

表5-16歸納了ZARA從二〇〇七年起進軍國家與門市數量的變化。二〇一八年一月底，ZARA已經在全球九十四個國家擁有二千二百五十一家門市，十年之間開拓二十六個國家，合計新增了八百九十家門市。**我們可以說，全球分散展店，是ZARA擴充門市的絕佳手法**。

充分發揮航空物流優勢

ZARA除了在二〇〇九年受到歐洲主權債務危機影響之外，每一年都新開拓四至五個國家，在歐洲大陸、美洲大陸、亞洲、其他區域（中東、非洲、大洋洲），看得出來他們的展店是有計畫的分散、進駐在這四區。每一年平均在全球增加一百二十至一百三十間門市，二〇〇九年之前，集中在本國西班牙與歐洲先進國家德國、英國、法國、義大利境內展店。二〇一〇年之後，則往以中國為主的東亞、俄羅斯為主的東歐境內集中展店。二〇一五年開始則鎖定在美洲大陸展店。

ZARA的成長策略是一邊進行長期性的分散展店布局，一邊訂出在每個時期要衝刺的重點區域、並集中投資。

ZARA採用這種展店方式有幾個理由。其一，行銷策略上的需求。由於ZARA把

5-15 ZARA歷年單店賣場面積和每坪營業額

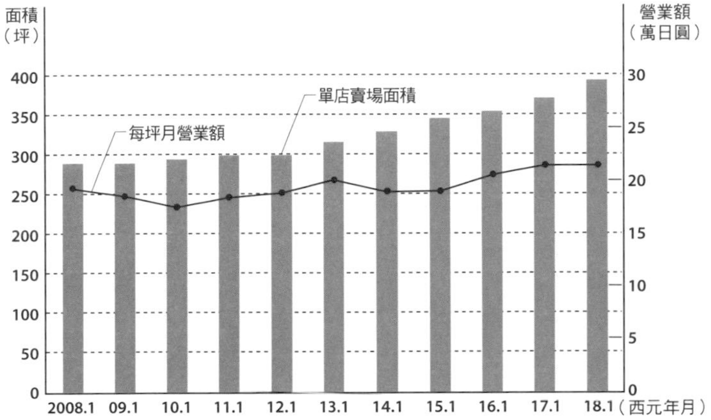

5-16 ZARA歷年門市數變化

年度	2007	2008	2009	2010	2011	2012	2013	2014	2015	2016	2017
進駐國	68	72	74	78	83	86	87	88	88	93	94
進駐國增減	5	4	2	4	5	3	1	1	0	5	1
期末門市數	1361	1520	1608	1723	1830	1927	1991	2085	2162	2213	2251
門市數增減	186	159	88	115	107	97	64	94	77	51	38
新進駐國家：歐洲		斯洛伐克、克羅埃西亞	蒙特內哥羅、烏克蘭		亞塞拜然、哈薩克	亞美尼亞、波士尼亞、喬治亞	阿爾及利亞	阿爾巴尼亞			白俄羅斯
新進駐國家：美洲		哥倫比亞、瓜地馬拉	宏都拉斯		祕魯					巴拉圭、尼加拉瓜、阿魯巴	
新進駐國家：亞洲			韓國		印度					越南	
新進駐國家：其他		阿曼		埃及、敘利亞						紐西蘭	

客群鎖定在對流行時裝感興趣的職場女性，在每一國擴充市占率時難免要受限於該國市場成熟度。每一年在展店一百家以上時，都需要選出有流行時裝市場需求的國家及都市，因此不得不廣而淺地進行布局。

實現這一切，便是自成一格的航空運輸。ZARA把每年賺到的利潤、現金流，不只投資在新門市，也挹注在自家的物流體系上。就算門市位處地球另一端，這一套空運基礎建設，也保證從西班牙倉庫出貨之後四十八小時內送達店門口。正因為是及門運送物流體系，不需要在每一個門市所在國家一一設立物流據點，也算ZARA的優勢。

靠著這個強大基礎建設，ZARA設點的九十四個國家中，令人吃驚的是門市數量低於十間的國家就占了約三分之二（六十一國）。對於連鎖店來說，先整合含物流據點在內的供應鏈再進攻市場，是固定公式，但ZARA這套強大的基礎建設應該是業內最夢寐以求的境界了。

3 從數字看出優衣庫與ZARA的獲利能力

接下來我們要看看兩個品牌在增設門市、拉高營業額的同時，留下了多少利潤。我想試著把焦點放在營業利益這個「本業的進帳」。

優衣庫：刷毛熱潮之後的低迷與逆轉

圖表5-17的是優衣庫日本國內事業與海外事業，營業利益與營業利益率的變遷。我想配合獲利能力的變化，把優衣庫過去十四年分為四個時期來討論。

①二〇〇四～二〇〇七年：刷毛熱潮之後的低迷

刷毛熱潮的副作用是造成既有門市持續跌破過去年度的營業額，二〇〇四年終於有所突破。優衣庫開始反省、修正熱潮前一味訴求低價的手法，專心致力

5-17 優衣庫歷年營業利益和營業利益率

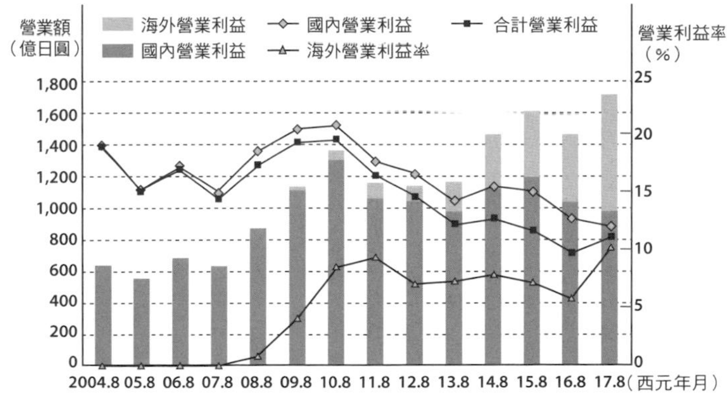

於改善商品材質，加上強化女裝商品陣容後，做出備受女性支持的好品質。這些轉型在數字上都可以看得到。

另一方面，隨著事業結構改革，優衣庫在努力將門市大型化的同時，也運用研發事業部進行商品開發，就為了把更大的賣場空缺補滿，但這步棋事與願違。雖然商品時尚化、款式數量增加，讓業界稱奇的顯瘦牛仔褲等暢銷商品推陳出新，但整體來說，**賣得不好的時尚商品因為存貨過剩只得降價求售，造成二〇〇五～二〇〇七年營業利益的低迷不振**。

②二〇〇八～二〇一〇年：回歸基本款，起死回生

反省過後，優衣庫在二〇〇八年**回歸基本款**，之後因發熱衣或BRATOP附罩杯系列等機能性的貼身衣物商品，靠訂價賣翻天，營業利益大幅回升。此後三年，以機能性材質為訴求的貼身衣物類成為發展重心，屢屢傳來捷報。

這時期暢銷商品的營業額能夠飛速提升，原因有二：

其一，款式的篩選。優衣庫不再銷售半調子的時尚商品，從一開始就鎖定每一季只出五百種款式，一年只出一千種款式，對於原本就受顧客歡迎的基本款商品、機能性貼身衣物類，公司全體動員努力防止這類商品缺貨。

其二，與外資國際連鎖業者共存。二〇〇八年秋天，瑞典的H＆M進軍日本，二〇〇九年則是美國的Forever 21，掀起了所謂的快時尚熱潮。

大眾媒體三天兩頭拿外資快時尚企業與日本的優衣庫相提並論，優衣庫的媒體曝光度異常高。優衣庫恰巧在稍早回歸基本款，發揮最強的看家本領，可以說是非常棒的時機點。

自從二〇〇五年在香港市中心成功設立大型旗艦店之後，優衣庫早已在歐美、亞洲各地也同樣開始設立旗艦店。可以從其門市附近總有H&M或ZARA就知道，早在各外資快時尚企業進入日本市場之前，優衣庫在海外已經與對手較量過了。優衣庫重新審視市場上顧客對其他競爭對手的期待，與對自家企業的期待相比，具體找出其中落差，確實為經營帶來相當大的加乘效果。

結果便是**二〇〇九、二〇一〇年連續兩年突破刷毛熱潮時的營業利益，創下前所未有的最高營業利益紀錄**。

③二〇一一年～二〇一三年：日本國內市場成熟，邁向中國

營業利益在二〇一〇年達到巔峰，之後持續萎靡不振。背景原因是原料費高漲、亞洲生產的製造成本提高、日圓貶值導致進口日本匯率惡化、為維持營收而增加降價促銷活動、日本國內人事費用上升等條件齊聚，造成優衣庫日本國內事業的獲利能力已經無法再成長。要一口氣解決全部的不利條件並不容易。

限時降價的期間從每週兩天（週六日），拉長為四天（週五六日一），營業額是提高了，但營業利益卻是費了九牛二虎之力才能勉強持平，結果當然造成營業利益率持續下滑。

一九九八年憑刷毛熱潮一舉成名，優衣庫在日本市場終於進入成長期，二〇一〇年迎向營業利益的巔峰，就日本國內事業而言，很可能已經從成長期進入成熟期。只是不知道優衣庫的經營團隊是否因為察覺到階段性的躍進，優衣庫在隔年二〇一一年開始到海外展店，特別是為了進軍中國展店，想盡辦法布局，並在營業額的成長軌道上繼續保持每年增長二〇%。

儘管如此，相較於日本國內事業營業利益率至今仍是一四%左右，優衣庫為了填補營業利益率不到一〇%的海外事業獲利落差，這個階段的營運計畫是繼續**努力在中國市場擴充營業額，並用日本國內事業來支撐營業利益**。

④二〇一四年~現在：從日本本國向海外拓展，成為獨當一面、世界級的大品牌

二〇一四年後，製作成本激增、海外代工廠人事費高漲，加上日圓貶值等影響，無疑重擊了依賴產品進出口的亞洲服飾產業。優衣庫為了保有國內市場的獨占性，兼顧產品品質，同時為了穩固海外事業及子品牌GU的成長，讓集團收益維持一定水平，不得不採行調整售價等對策。憑藉調整訂價及擴大展店計畫，迅銷集團營業額仍從二〇一三年起，二〇一四、二〇一五連續三年維持年增率二〇%的成長。

不過另一方面，優衣褲在日本國內的營業利益仍是低迷。期間市面上有不少像優衣庫一般訂價在一千九百九十〜二千日元的商品，格外引人注目。優衣庫調漲售價不但沒有獲

得消費者支持，反而連降價商品也沒能吸引買氣，造成營業利益率持續低迷。造成二〇一六年優衣庫連帶整個迅銷集團受到波及，集團收益銳減。

這是長年調整售價，致使來客數大減，也是二〇一五〜二〇一六年這段期間被毛利率壓得喘不過氣的結果，對迅銷來說是最沉重的打擊。

面對毛利下滑的事實，優衣庫二〇一六年發表宣言，誓言奪回市場價格領導者的地位，宣示要再度強化一千九百九十日元這個價格帶的商品。此外，優衣庫也調整了每週五跨週末到下週一的限訂價格策略，延長至下週四，也就是一週七天都採取「每日低價策略」（Everyday Low Price，EDLP），也力圖拉回女性消費者的來客數。在這段艱難的時期，優衣庫不斷精進自家服飾的流行性是無庸贅言的。在此同時他們還與知名的設計師合作，聯名推出系列服飾。以往消費者在優衣褲比較難找到的趨勢流行性服飾也慢慢變多了。近來與知名設計師或藝術創作者的聯名款式在一定的價格範圍內（Price Range），不僅頗具質感、也漸成為更好入手的商品，成功擄獲一批新的消費客群。

二〇一七年優衣褲的國內營益率回升，海外事業也以中國為中心穩步向亞洲拓展；在歐美的營收也有成長。一連串的革新策略逐一奏效，也將國內事業的營益率推升至一一．八％，比海外事業的一〇．三％還要高。海外事業銷售額在二〇一八年上半年重新超越國內，營業利益要超越國內也只是時間早晚的問題而已。

走過二〇一四年到二〇一六年這段嚴峻的時期，優衣庫可說真正蛻變成世界級的大型品牌了。

ZARA：透過物流投資與新店開張，每逢停頓期也能恢復獲利能力

二〇〇一年股票上市的英德斯，光是ZARA一個品牌就擁有每年不間斷固定展店超過一百家的實力（參閱表5-16）。英德斯以上市後匯集的資金為本錢，持續進行兩項大投資。**一項是為了正式進軍國際而大量開張新店，另一項是打造能夠用同樣的速度支援全球布局的物流體系**。

表5-18是過去十年來ZARA的營業利益與營業利益率的變遷。我也試著分為三階段考察其成長軌跡。

①二〇〇四~二〇〇七年：在歐洲穩定成長

圖表的資料是從二〇〇四年度開始，在此之前二〇〇三年的夏天到秋天，歐洲受到嚴重的酷暑天候侵襲。ZARA為了處理秋裝滯銷的存貨問題，做了許多降價促銷活動，這一年是營業額和獲利低迷苦戰的一年。股票上市後的物流投資終於在二〇〇四年度展現出

5-18 ZARA歷年營業利益和營業利益率

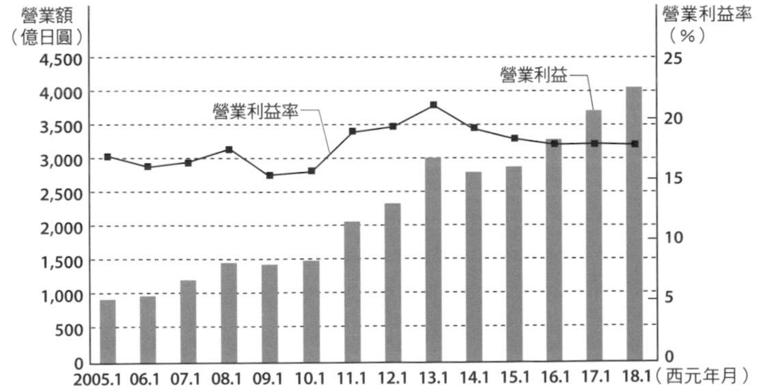

成果，實現了即時集貨與完售，營業利益率改善了二二%，營業利益則增加了三六%。

此後四年維持**穩定成長**，營業額平均成長一八%，營業利益也增長了二位數。在這期間，英德斯把本國西班牙、法國、德國、英國、義大利這些鄰近的歐洲先進國家都當成國內市場來思考，新店規畫就有八〇%至九〇%是集中在上述區域，並持續成長。

②二〇〇八～二〇一一年：嚴重的歐洲經濟危機，加快亞洲展店腳步

這時期，以歐洲為起點侵襲全世界的**經濟危機相當嚴重**，向來以速度及臨機應變力為優勢的ZARA也深陷苦戰之中。使盡渾身解數只為了不讓營業利益數字滑落，來到成長與獲利能力都停頓的階段。

因此，英德斯將過去重心全擺在歐洲的展店計畫告一段落，轉而投注心力在亞洲展店。二〇一〇年度營業額回升，重返二位數的成長，營業利益率改善三．四%，營業利益急速攀升。在亞洲加速展店的同時，歐洲也開始網路銷售的生意，並在世界先進國家重新布局，準備旗艦店的展店計畫。

③二〇一二年～二〇一四年：充電期

二〇一一年、二〇一二年間ZARA有三分之一的新門市都集中在中國開設，整體銷售及營收一度有突飛猛進的成長。翌年，受到歐洲經濟成長停滯，使得歐元貶值，連帶使

得依賴向歐洲出口的新興國家經濟成長受影響，衝擊二〇一三年ＺＡＲＡ的整體營收。在這段時期，歐美及中國的顧客開始把目光及消費習慣轉移到線上購物，最重要的轉捩點ＺＡＲＡ也關注到了。早在二〇一〇年ＺＡＲＡ就已在歐洲開闢線上購物，二〇一一年線上服務引進至美國、日本，二〇一二年、二〇一三年在中國及俄羅斯等主要國家也分別開始採行線上購物。總體來說，為了將庫存最適化及減輕門市作業流程，ＺＡＲＡ在ＩＴ投資上（例如：電子標籤，Radio Frequency Identification，RFID等。）的確花了不少心力。

靠著這番努力，二〇一三年的銷售額較前年成長二％，營業利益減少負六％；二〇一四年的銷售額比前年增加了七％、營業利益也增加了二％。這段時期的低成長可以說是ＺＡＲＡ的「充電期」，整裝準備、蓄勢待發。

④二〇一五年～現在

亞洲及俄羅斯展店到一定階段後，ＺＡＲＡ這三年間也加速在北美的美國、加拿大和墨西哥，以及中南美洲各國加速展店。二〇一四年美國總店數還不到五十家，還不足以構成門市網絡，但在這三年間門市數卻已然倍增。另外，在主要的重點國家，ＺＡＲＡ也持續強化基本款商品，以此來促進來客數成長。雖然營業利益率一時下降，但整體的銷售額和利潤仍有顯著的成長。

此外，在此期間擴大線上購物及投注ＩＴ升級，掌握消費動向和勞動環境變化的策略奏效，實體門市和線上購物的營收加總，比原本單靠門市支撐的營收還要高，而且連續三年的成長幅度都有二位數以上。

截至現今，ZARA度過好幾次成長的停頓期，但也總在停頓期間恢復獲利能力，並且數年之間不斷維持著這樣的獲利能力。筆者在二〇一四年針對這一點進行採訪時，英德斯集團公關部門回應強調：「我們沒有特別去做什麼事。本公司重視速度感與彈性因應，真要說有什麼特別的，必定是每一天努力改善所累積出的成果。」當時的短暫停頓，是為了市場策略考量，同時也在積極加速IT設備的升級。英德斯成功的商業模式，也引起產業界及投資家的高度注目。

4 以數字判讀兩家企業的優勢與課題

優衣庫起伏大，ＺＡＲＡ很穩定，為什麼？

截至目前為止，我們比較了優衣庫與ＺＡＲＡ在過去十年裡的營業額與營業利益的成長率。

優衣庫除了二〇一一這一年之外，營業額始終維持在二位數的成長。然而，我們也能從數據看出，有關於營業利益，每年都在正負零的這條線上來回激烈擺盪。另外，我們也可以看出營業利益總會在一段時間大幅的退步（表5-19，5-20）。

在一波強勁的成長之後，勢必會有一段短暫的整理態勢。

另一方面，ＺＡＲＡ也一樣，除了遭逢歐洲經濟危機的二〇〇八、二〇〇九年，以及受到新興市場急速成長的衝擊以外，除了二〇一三年之外，都有一〇％、二位數的營收成長。營業利益也如此，除了籠罩在經濟危機的期間，其餘時候雖有起伏但都能維持在二〇％上下的成長（表5-21、5-22）。

5-19 優衣庫歷年營業額和營業利益的年增率

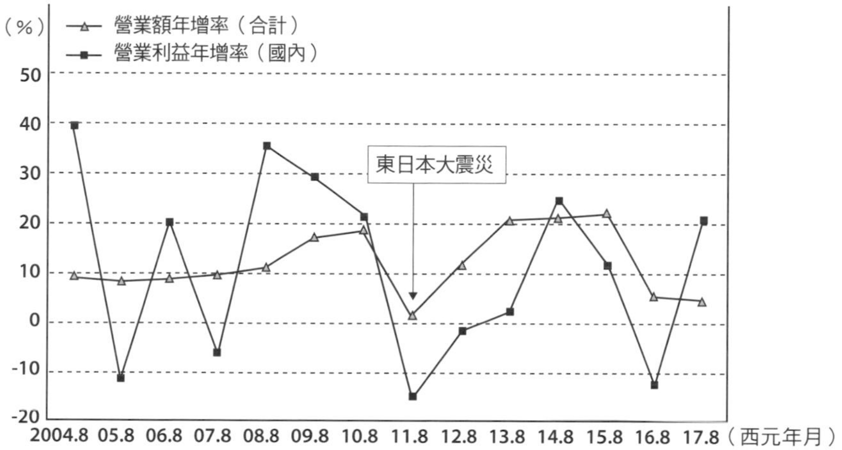

營業額年增率維持10%，但營業利益率的起伏相當激烈

5-20 優衣庫歷年營業額和營業利益的3年複合成長率

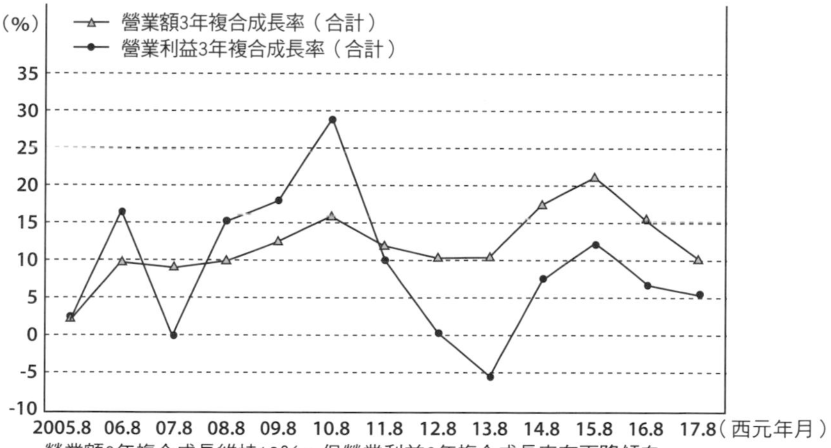

營業額3年複合成長維持10%，但營業利益3年複合成長率有下降傾向

5-21 ZARA歷年營業額和營業利益的年增率

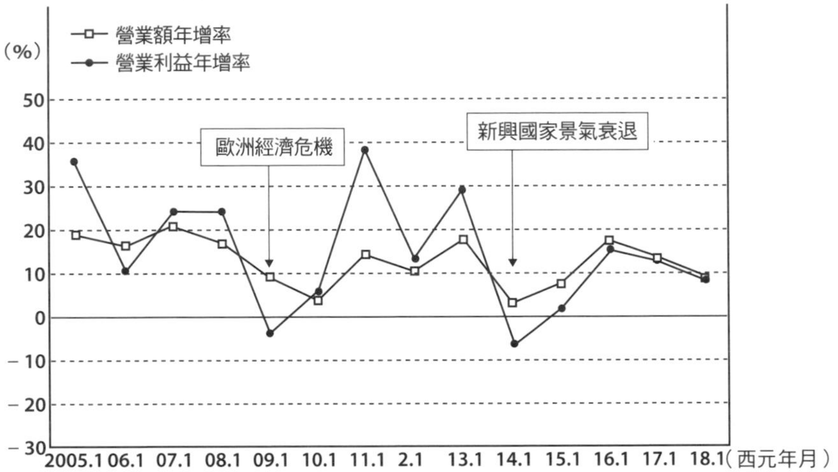

因歐洲主權債務危機等因素陷入谷底，但營業額年增率徘迴在10%左右

5-22 ZARA歷年營業額和營業利益的3年複合成長率

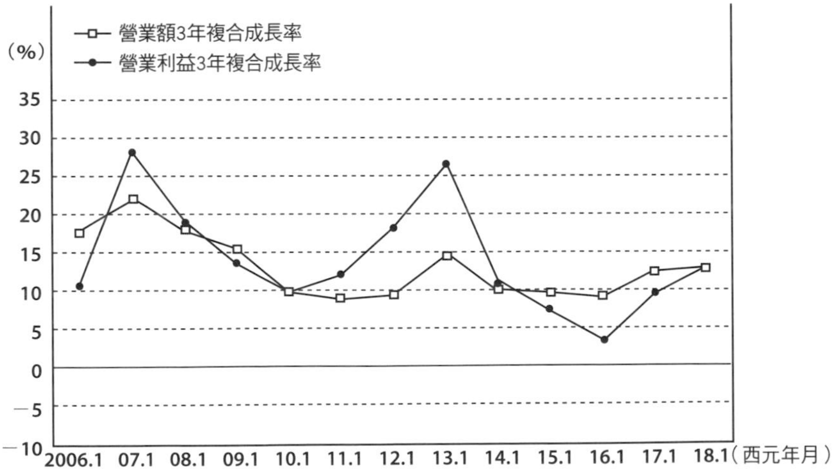

營業額、營業利益都維持在10%上下

經營風格迥異使然

除去外部因素，究竟這兩個品牌的獲利穩定性的差異是什麼？

或許差別就在迥異的經營風格。優衣庫把市場集中在日本及中國，以一年為期擬訂商品計畫，並依據計畫來銷售。這與在全球各地分散展店，把生產細分為每三週為一單位、以一週為單位，甚至把一週拆成二個循環，這與富有敏銳臨機應變能力的ZARA，在經營風格上的確有所不同。

各位讀者讀到這裡，應該都已經理解，時裝產業根本是一門「不能及早因應變化就無法存活」的生意。擁有價格決定權的零售業，尤其是偏向實用類的商品，只要價格一調降，營業額就應聲上漲，庫存也就隨之消化。但是只要誤判市場需求，就會造成營業利益率下滑的高風險。

前面說過，優衣庫以一週為單位進行產銷調整，即便如此，畢竟兩個月的商品量是一次做足，一旦方向誤判就會發生存貨過剩，只得降價促銷。季節期間要變更商品企畫、推出新商品、修正軌道有其困難，能做的就只是配合基本款商品的市場價格來變更售價，以求出清存貨。

相較之下，ZARA賣的是市場需求難以預料的流行時裝，對於滯銷風險有著敏銳嗅覺。因此，它把計畫與行動細分化，配合市場需求做調整，這個經營方針是有效的。

然而知易行難。ZARA為了事業可以永續成長，一路走來做了各式各樣的投資。最

關鍵的作為，**是將有風險的領域全部攬到面前、自家控管，並將供應鏈的永續產能利用導入平準化。**⓯

ＺＡＲＡ在西班牙、葡萄牙、摩洛哥等鄰近總部的地區，以歐洲時尚風格為基調，進行商品企畫，連製造、出貨統統自己管理，這樣的供應鏈早在一九九〇年代打造完成。為了在全球擴展此商業模式，他們完成股票上市，然而不只是商品數量方面的管理，ＺＡＲＡ一直相當重視整個產銷流程一律維持相同步伐、相同速度來執行。

左右兩家企業下一波成長的關鍵

先前我曾提過，兩家企業很明顯可以看出各自從零售業、製造業來發想的差異性。

優衣庫在商品暢銷時絕不錯失商機，一本決心賣到底的「零售魂」，靠著維持門市不斷貨來擴大營業額。正因為貫徹有成，才能成為日本服飾企業第一，甚至躋身優秀世界級企業，與對手互爭全球龍頭寶座。然而眼前正值主戰場轉移到中國及亞洲，**為了避免商品缺貨而進行的人才培育，其速度是否趕得上計畫，是優衣庫面臨的課題。**

再來看ＺＡＲＡ，它在垂直整合完善的供應鏈各階段，使營運平準化，我

⓯ 平準化，就是透過降低生產負荷的波峰與波谷的變異幅度，讓製造現場與供應鏈都能在平穩的流動狀況下運作。

認為正是這個環節省卻了不必要的浪費，促成永續成長並確保得到最終利潤。ZARA完全是一個「製造魂」所發想出的零售品牌。即使是距離西班牙遙遠的地球另一端，或是有時差的國家，仍然有辦法在同一時間販售與本國完全一樣的商品，以一致的步調因應顧客的需求變化，只能說這是他們為了上述目標不斷投資在供應鏈的平準化及高速物流的維持，終於有了成果。

我們大概可以說，依照ZARA式的發想，只要是有市場需求的地方，不管到哪個國家展店，都不會輕易失焦，而且比起其他企業可以更快速上軌道。

雖然ZARA已經在九十四個國家設立門市，但每一國的展店都有其市場極限。令人注意的是，**它今後成長所倚賴的新興國家，其經濟成長速度減緩**。再者，ZARA在維持年成長率二位數之際，**將來是否還能只靠西班牙、葡萄牙、摩洛哥三國的短週期生產，來應付全球市場的需求？**

接著我會在最末章探討兩品牌今後的課題。

UNIQLO

第 6 章

時裝業的未來

優衣庫的「松竹梅分級策略」，ZARA 的「產品組合手法」

VS ZARA

1 從時裝流通史看優衣庫與ZARA的創新

在考察未來之際，不妨回顧一下歷史背景，了解時裝市場如何演變至今，優衣庫與ZARA又是如何得到顧客支持而茁壯。

我們可以這麼說，**時裝市場的歷史，就是一部創新（innovation）的歷史**。哪家企業能夠早一步嗅到市場需求，開發出新商品或新的流通手法，提供消費者最佳服務，就能擔任新時代的流通創新舵手。這也是任何一個消費品市場都通用的故事情節，相信沒人會反對這種說法。

因此我想先回顧日本時裝市場，到目前為止所發生的流通創新的沿革。

第一次流通創新期（一九六〇年代）

百貨公司撐起豐富的「高價品消費」時代

日本戰後高度成長期，最初在流通業界發動創新革命的便是**百貨公司**。在此之前，鄉鎮上多為家族經營（代代相傳的家族事業）的小專賣店，而當年的百貨公司主要蓋在市中心的交通樞紐總站附近，民眾只要進入這一大棟建築物，就能採買生活所需的一切高級商品，豐富的商品陣容提供了一站式購物（one-stop shopping）的環境。

因為經濟起飛，物質生活越來越富裕，百貨公司主打多數人憧憬的品牌時裝，所實現的「豐富集貨」改革極富吸引力。客人在週末與家人造訪百貨公司，購物完畢到高樓層的餐廳吃中飯，孩子在頂樓遊樂園玩耍，最後到地下樓買晚餐的熟食回家吃。像這樣「高價品消費」的購買行為，在當時成為多數家庭享受的樂趣之一。

第二次流通創新前期（一九七〇～八〇年代）綜合量販店大量進貨、大量銷售的時代

進入一九七〇年之後，大榮（Daiei）、伊藤洋華堂（Ito Yokado）、佳世客（Jusco）、西友等綜合量販店（GMS）形成「低價化」改革的時代。這些企業進行大量展店，主要以食品、日用品來集客，服飾商品也因為從製造商大量進貨、交涉價格後，大幅壓低成本，進而落實了實用服飾、流行服飾的低價化。

當時百貨公司雖以高級又豐富的商品陣容應付市場需要，卻不是人人都能買回家的價格。相較於此，綜合量販店以大量銷售為前提，大量進貨，透過「低價化」讓社會大眾得以享受豐富的消費方式。

＊象徵性的事件
一九七二年大榮（量販店）的營業額超越三越（百貨）
一九八〇年大榮的年營收達到一兆日圓

第二次流通創新後期（一九九〇年代）專門量販店帶來全面性的低價化

相較於以食品超市為核心，從服飾到家具、家電五花八門什麼都有的綜合量販店，專門量販店在一九九〇年代前半的泡沫經濟崩壞後開始受到矚目。

所謂專門量販店，就是專門鎖定特定商品領域的專門連鎖店，在某個地區只要是該商品領域，保證商品陣容豐富、價格低廉。它搶食了綜合量販店相同商品分類賣場的營業額，取其意義而被稱為「Category killer（品類殺手）」。主要在郊區路邊以低成本大量展店，靠著標準化門市、手冊化經營等手法，徹底執行低成本營運，得以短期內擴張到全國。靠著壓倒性的門市數量取得進貨優勢（Buying power），與製造商交涉價格，**實現區域裡的最低售價**。

代表性的企業，如泡沫經濟崩壞後打著「價格破壞」旗幟喧騰一時的男士西服店青山洋服、休閒服飾店**優衣庫**、流行服飾館**思夢樂**，其他業種如：家電量販業界號稱ＹＫＫ的山田電機、K's電機、小島電機⑯，以及來勢洶洶的外資

⑯ 譯註：山田電機（Yamada）、K's 電機、小島電機（Kojima），三家大型家電量販連鎖店的總公司分別位於北關東的群馬縣、茨城線、栃木縣，取其英文名第一個字母並稱：北關東 YKK。

企業先驅——玩具業玩具反斗城（Toys "R" Us）[17]，也在本時期成功打入日本市場。

＊象徵性的事件

一九九一年玩具反斗城日本一號店開幕

一九九二年青山洋服祭出「價格破壞」

第三次流通創新（一九九〇年代後半～二〇〇〇年代前半）

SPA帶來低價格、高品質的時代

泡沫經濟崩壞後，價格破壞、低價競爭白熱化，零售連鎖店即使大量進貨，向貨源製造商交涉壓低價格，再怎樣做都會有極限。若以便宜為優先，只好降低品質，當價格便宜、品質粗糙時，市面上便開始充斥著人稱「便宜沒好貨」的商品。剛好服飾也正處於漸次移往中國生產的大轉換期，當時的中國製品不若現在，消費者對於門市架上便宜貨的品質不敢恭維。

對此，連鎖專賣店從製造商或批發商進貨時總感到綁手綁腳，於是重新思索過去業界的舊習慣與流通之道，**透過直接找製造工廠做生意，開始產生顛覆價格與品質常理的行動**。

這也是所謂SPA（**服飾製造零售業**）化的行動。先是無印良品從西友集

[17] 美國一家跨國大型玩具連鎖店，成立於 1948 年，美國及全球約有上千家門市。2017 年聲請破產保護後，2019 年 1 月，正式重組新公司 TRU Kids Inc.，並恢復營運。

團旗下的自有品牌分家獨立出來，再來是**優衣庫**，在服飾市場中率先使用SPA手法引領這波基本款休閒服兼具低價及高品質的創新革命。

優衣庫從一九九八年起藉由刷毛熱潮、市中心展店、電視廣告等方式，商品大賣一舉成名後，優衣庫儼然成為左手從事商品企畫與供應鏈管理，右手直接賣給消費者的企業象徵（business icon）。

＊象徵性的事件

一九九八年優衣庫的刷毛熱潮

優衣庫品質成為一種「價值基準」

值得一提的是，優衣庫雖然在日本服飾市場首度成功引領第三次流通創新，成為連鎖業中的龍頭老大，但這個流通創新既非日本固有之物，也非世界首創。

我在第一章說過，優衣庫是一邊參考像美國的GAP、Limited Stores、英國的next、香港的佐丹奴（GIORDANO）此類孕育出低價優質基本款休閒服的各國SPA企業，一邊在日本市場開發而來的連鎖店。我先前說明過**基本款休閒服飾SPA在百貨公司**、**綜合量販店**、**專門量販店的流通創新之後崛起**，然而此一現象有時間差，這其實就是歐美先進國家的服飾市場曾走過的路。優衣庫把這商業模式融合日本國情，讓它更像日本企業，成為在日本最巧妙進化的品牌。

優衣庫的偉大事蹟，改變了基本款休閒服在品質上的舊規矩。就算低價，但材質與車縫品質也要維持在水準之上，變得理所當然。隨著優衣庫在日本服飾市場拉高營收市占率，優衣庫「一千九百日圓」的價格與品質已經成為業界的指標之一。「賣得比優衣庫貴還是便宜？而這個價格又是什麼樣的品質？」顧客透過與優衣庫比較，培養出判斷的能力。

言下之意是，基本款休閒服（尤其是指單色素面、每家店一定會有的服飾商品）雖然廉價，但若是「便宜沒好貨」的劣質品，顧客也會因此不再光顧。於是，綜合量販店的服飾賣場或是服飾連鎖店等競爭者，也**開始被迫面臨除了價格低廉，材質亦需保持一定水準以上的情況**。

托優衣庫的福，單色素面基本款休閒服或貼身衣物商品就算是價格便宜，料子也要好，已經成為理所當然的消費常識，也是服飾市場的常識。

第四次流通創新（二〇〇〇年代後半）

時裝親民化，流行商品低價化

「基本款休閒服就算便宜，材質也可以很好」這個常理蔚為風氣之後，社會大眾對接下來的創新革命更加期待。下一波創新正是設計的時代，流行時裝低價化。當時想穿一流設計的流行時裝，只能在百貨公司或精品店內掏出大把鈔票，才能擁有知名品牌的商品。這階段登場的是一批顛覆傳統時裝產業常理的企業群。

此時的主角是一群被稱為**快時尚（fast fashion）連鎖店**的企業群。流行時裝靠著低價陸續在門市上架、賣光、替換。關鍵的三個元素是漂亮的流行設計、讓人毫不猶豫掏錢買的低價位，以及不到一個月商品全賣光的高速週轉率。快時尚的語源據說是源自好吃、便宜、快速，大家耳熟能詳的速食（fast food）。

日本市場因為瑞典品牌H&M在二〇〇八年登陸，美國Forever 21在隔年二〇〇九年進場，自此引爆了快時尚熱潮。更早之前已經進軍日本市場的ZARA，雖然價格帶稍微偏高，不過因為採用同一套商業模式，被流行雜誌及大眾媒體並稱三大天王大肆報導，加上ZARA剛好來到時機成熟的階段，加快展店速度，成就了一場表演競賽。

快時尚系列的連鎖店，能夠實現高速營運，是因為採用了SPA型的商業模式。換句話說，擁有自己的設計團隊，掌握流行時裝的獨家設計靈感，不讓中間廠商涉入，與工廠直接交易，一邊管控供應鏈，一邊在自家門市銷售。正因為設計、工廠及門市三方即時連線，才能達成高速週轉率。

流行設計可以用低價買到。由於時裝市場在從前與階級社會相同，大多以金字塔形狀的階層制度來表現，因此低價買流行這件事也可以用**「時裝親民化」**一句話來說明。

對於喜歡時裝，經常為了趕流行而花錢的人來說，快時尚連鎖店是他們願意用一季來嘗試看看的品牌選項，而對於過去未曾花費大筆開銷、也未曾想過要買時裝犒賞自己的大眾消費層，這是一個親民、心理零負擔的標價，這一波創新革命讓人有機會開始享受流行

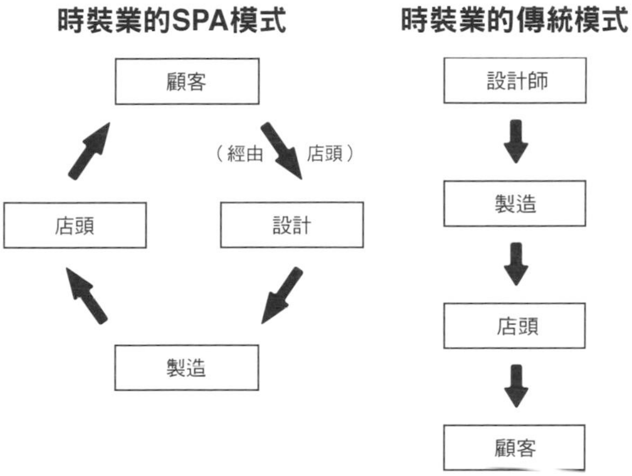
時裝業的SPA模式
顧客
（經由
店頭）
店頭
設計
製造
時裝業的傳統模式
設計師
製造
店頭
顧客

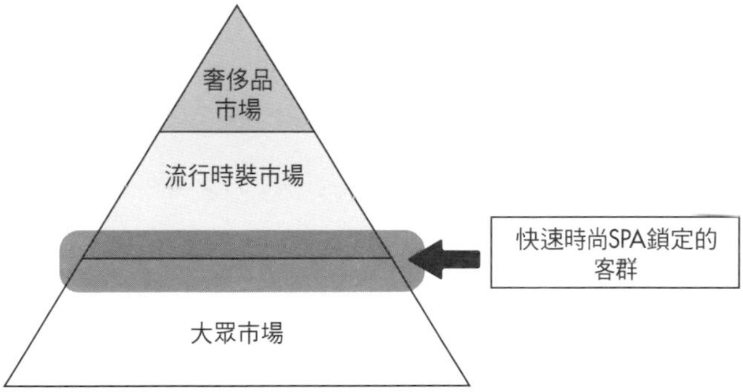
奢侈品
市場
流行時裝市場
快速時尚SPA鎖定的
客群
大眾市場

時裝親民化

時裝的樂趣。光是快時尚擴展了熱愛時尚的消費人口，為時裝市場注入活力，就值得稱許。

說到底，**流通創新不是企業一廂情願說要發動就能發動，還需要配合消費市場的成熟度才能自然形成**。隨著消費形態的成熟，顧客會在豐富的選項中，依據TPOS（使用情境）⑱，選擇他們要逛的門市和商品，以經濟實惠的價格把商品買回家。企業競爭、流通創新，開始將顧客帶往更多元豐富的消費趣味世代。

＊象徵性的事件
二〇〇八年H&M進軍日本市場

全球陸續延燒的時裝親民化

第四次流通創新，日本比歐美晚了一步才體驗到。

日本的快時尚熱潮始於H&M登陸日本那一刻，因此也可以說**二〇〇八年就是「快時尚元年」**。那麼，歐美的快時尚元年又是哪一年呢？遠比日本早十年，是在一九九八那一年發生的。在此之前H&M主要於北歐及德國擴張地盤，那一年終於在法國巴黎設立一號店，殺入世界流行時裝的大本營。

後來在二〇〇〇年，H&M在精品市場旗艦店林立的紐約曼哈頓第五大道設立大型店，完成進軍美國的目標。從此之後，英文媒體上也開始頻繁出現「FAST

⑱ 譯註：TPOS 是 Time（時機）、Place（地點）、Occasion（場合）、Life Style（生活風格）的縮寫。

FASHION」這個詞彙。

我在一九九八年聽一位當時住在巴黎、從事時尚媒體業的美國籍女性說，在此之前所謂的流行時裝，是指在流行服飾專賣店（boutique）裡販賣的商品。據說在那種店裡，顧客一旦被店員判斷為不會掏錢買衣服，店員對她的態度就會一百八十度大轉變，並不是一個讓人輕鬆、能夠順道進去逛逛的地方。她還說，當初Ｈ＆Ｍ在巴黎的一號店開幕時，很多女性蜂擁而至，那些女客人不停地試穿，最後抱著好幾件戰利品，開心走出店門的身影讓她至今仍難以忘懷。筆者二〇〇〇年也在紐約曼哈頓第五大道的Ｈ＆Ｍ店裡，看過同樣的場面。

我們看到，當時的**快時尚把對時裝感興趣的女性從不自由中解放出來，完成了時裝親民化的大業**。前面我也曾提過ＺＡＲＡ展店的沿革，ＺＡＲＡ進駐巴黎是一九九〇年，進駐紐約則是更早一年的一九八九年，相較於Ｈ＆Ｍ，遠遠早了八到十年。由此可見，**ZARA不只是創新者，也是急先鋒，總是擔任帶頭殺進戰場、投身新市場的衝鋒隊長**。

ＺＡＲＡ不做廣告宣傳，所以總是靜悄悄地踏入新市場，用高級門市與每週循環的新商品提案，一點一滴逐步累積粉絲群。過不久之後，由於更低價、更敢投資廣告宣傳、挾著強烈衝擊的Ｈ＆Ｍ也進場了，受Ｈ＆Ｍ影響而知名度大為提升的ＺＡＲＡ，開始在當地展開競演。像這樣快時尚熱潮興起，時裝親民化向前行的現象，也許有時間差，但確實正在世界各國遍地開花。

2｜Primark即將啟動「第五次流通創新」？

時裝流通創新的十年週期論

首先我們回顧時裝流通的時代變遷：

①百貨公司帶來豐富集貨

②綜合量販店帶來大量進貨，大量銷售帶來低價化；專門量販店，帶來特定領域商品在當地第一的商品陣容與低價化

③基本款休閒服SPA帶來低價商品的品質提升

④快時尚SPA帶來流行時裝低價化

以上是日本市場時裝流通創新，至今大約每隔十年為一週期的演變。這些現象也正在亞洲新興國家上演。早在全球發光的第四次流通創新的要角們，不約而同進駐以中國為首、亞洲的各個主要大城，展開更進一步的展店競賽。

這是個網路普及，世人在全球自由來去，資訊無障礙，透過SNS就能口耳相傳的年代，新興國家正以五年左右的高速度，一口氣體驗到歐美先進國家或日本市場花了將近五十年時間才走入的流通創新階段。

無論市場成熟度如何，目前世界各國都被捲入這波全球化浪潮，各國時裝業已經零時差，走到哪裡一定會遇到脫穎而出的強者，天天都是決戰日，處處都是決戰場。這也代表如果不是一套全世界走到哪都通用的策略，要勝出絕無可能。這也意味全球主義（globalism）的時代到來。

國際龍頭服飾企業如何登上巔峰？

表6-1是以全球服飾企業年營收為基礎做出的營業額排行榜。目前ZARA所屬英德斯集團位居第一，優衣庫所屬迅銷集團排名第三。

表6-2則是前五名企業的歷年營業額。一九九〇年代到二〇〇〇年代前半，是由擁有全球最大的美國市場的GAP拔得頭籌，然而它在二〇〇五年開始失速，甚至進行裁員。同樣地，Limited Brands（現稱L Brands）在一九九〇年代與GAP競爭，旗下像是簡約流行風的基本款品牌，Limited Stores或Express的服飾SPA事業，在過去都曾經是核心事業。

二〇〇〇年H&M進軍美國，Forever 21像是跟風般也加速展店腳步，然而當快時尚正要在美國境內蓬勃發展時，L Brands卻認定服飾生意已經無法賺錢而決心退場，在二〇〇

6-1 全球大型服飾企業的營業額排行榜

順位	品牌名	結算期	營業額(億日圓)	年增率	營業利益率	期末門市數
1	英德斯（西班牙）	2018.01	3兆4,203	9%	17.0%	7,475
2	H&M（瑞典）	2017.11	2兆7,600	4%	10.3%	4,739
3	迅銷（日本）	2017.08	1兆8,619	4%	9.5%	3,294
4	GAP（美國）	2018.01	1兆7,248	2%	9.3%	3,594
5	L Brands（美國）	2018.01	1兆3,741	0%	13.7%	3,075
6	Primark（愛爾蘭）	2017.09	1兆0,854	19%	10.4%	345
7	C&A（德國）	2017.02	8,390	▲3%	未公開	1,575
8	ASNA（美國）	2017.07	7,234	▲5%	赤字	4,807
9	Next（英國）	2018.01	6,241	▲1%	18.7%	528
10	思夢樂（日本）	2018.02	5,651	0%	7.6%	2,145

註：匯率換算日期是 2018 年 1 月 31 日。1 歐元 =135 日圓，1 瑞典克朗 =13.8 日圓，1 美元 =108.8 日圓，1 英鎊 =159.9 日圓。資料來源為各公司公開財報，筆者自行統計。此處使用的 C&A 數據，是 Deloitte 會計師事務所公開之「Gobal Power of Retailing 2018」最新資訊，依 2016 度財報預測的數據。

6-2全球大型服飾企業歷年營業額

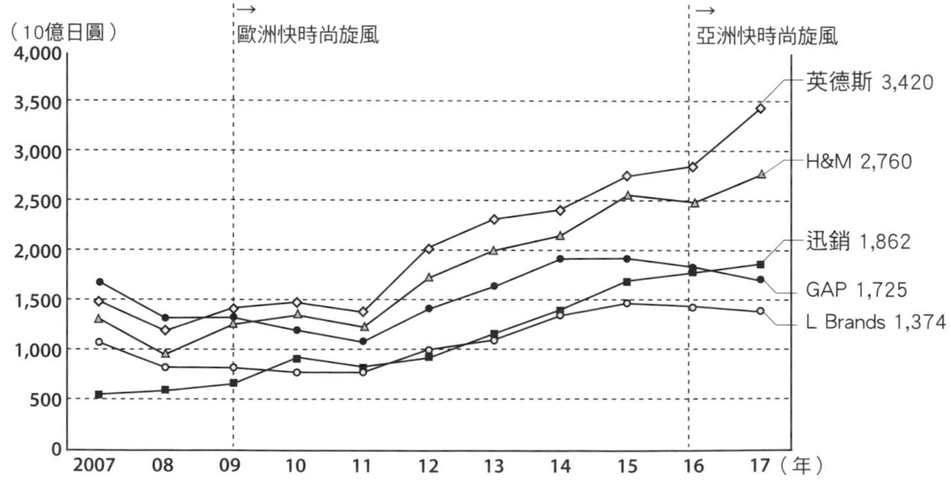

七年賣掉服飾專賣店事業。改以維多利亞的祕密（Victoria's Secret）等女用貼身內衣褲品牌或美體保健、美妝事業為經營重心，一面維持營業額，一面恢復先前的獲利。現在維多利亞的祕密成為一個單獨品牌，超越GAP或老海軍（Old Navy，隸屬GAP集團），是全美第一名的時尚內衣連鎖店，L Brands雖然營業額掉到第五名，但仍是高獲利的時裝企業之一。

在此期間，營業額呈現穩定成長的是歐洲勢力的英德斯集團（ZARA）及H&M。表6-2足以看出，**二〇〇〇年代後半開始，全世界突然進入快時尚的時代**。優衣庫與GAP相同，都是興起創新革命的基本款休閒服SPA企業，在日本市場一家獨大之後，也藉著地利之便，以日本品牌之姿積極進入中國等亞洲新興國家展店布局。二〇一三年優衣庫營業額已超越L Brands，二〇一六年超越GAP，排名躍居世界第三。

Primark、GU：下一波創新革命是低價快時尚？

然而業界普遍認為，現在日本正要進入第四次流通創新的穩固期，下一波創新革命將在數年之內降臨。即便日本快時尚比歐美晚了十年才出現，但我至今仍然不認為日本現況有比歐美晚十年，雖然如此，我還是想談談目前歐美正在發生（對日本來說是下一波）的流通創新可能方向。

那就是價格再創新低、折扣型快時尚連鎖店的崛起。典型的例子便是，總部在愛爾蘭、以英國為重心布局的ＡＢＦ集團旗下的Primark折扣型低價快時尚連鎖店。在二〇一六年度營收排行榜前十名的企業中排名第六，營收成長率達及營業利益成長率分別達一九％、七％，皆是榜上第一。

快時尚之後，像Primark這樣的折扣低價商店崛起的過程，可以用「零售之輪（wheel of retailing）的理論」來說明。

零售業是創新與折扣的循環過程

所謂零售之輪的理論，意指「零售業是創新與折扣的循環過程」，在一九五〇年代由美國哈佛大學的馬爾考姆．麥克奈爾（Malcolm P. McNair）教授提出。理論是：市場裡出現了引起流通創新的企業之後，由於企業體質是高毛利率、高成本，此時耐得起低毛利率、低成本的折扣店就會趁虛而入，用低價爭奪市占率。在美國百貨公司、綜合量販店的流通創新之後，像沃爾瑪這樣的折扣低價商店崛起，或是專門量販店在各領域普遍出現，就證實了這個理論。

目前興起第四次流通創新的ＺＡＲＡ或Ｈ＆Ｍ，經營形態擁有將近五〇％的高毛利率。Primark雖然沒有對外發表毛利率，但從價格設定與銷售方法來看，可以推測是以較低毛利率來使商品高速週轉的ＳＰＡ手法所建構的折扣低價商店。在英國，Primark的訂價低於流行時裝Ｈ＆Ｍ與基本款next。在西班牙等歐洲大陸國家，也同樣在Ｈ＆Ｍ與基本款

Ｃ＆Ａ的價格之下，得到低價導向消費者的支持而擴大。

一般而言，經濟一成熟，所得就會進展到兩極化，追求高品質的中產階級以上的消費者與追求低價格的普通消費者，也會發展成兩極化的消費行為。這雖然是歐美先進國家已經發生的現象，但由於歐美先進國家為了維持經濟成長，從新興國家接納移民，使得低所得層的人口更多。

筆者在英國倫敦或西班牙巴塞隆納等地視察Primark的門市時，確實在各家門市看出這種傾向。

以英國為「改變的震央」出發，從Primark所引發的這股潮流來看，優衣庫所屬的迅銷集團推出了新品牌ＧＵ主打低價策略、市場定位在家庭客層，也是品牌重塑成功的例子。（本章第三節有詳細說明）

雖然不少業界人士認為，在城市中心主打低價時裝這個做法不怎麼好，但正因為在市中心，低價商品反而更有需求。原因在於要負擔高額房租的顧客更多了，極有可能成功促進營業額。

ＧＵ的成功就是最好的例子。在時裝產業這個領域內，他們的操作手法就像逆向進駐利潤最差的超市二樓，趁思夢樂等異業種的品牌退租後，在東京、大阪等一級大城市中心拓展門市網絡，以價格廉宜聞名的連鎖雜貨商店「唐吉訶德」一樣。

日本不像歐美國家一樣，有許多外來移民，不過考量到人口有移往市中心集中的趨勢，以及二〇二〇東京奧運、殘奧勢必吸引大批海外觀光人潮，在集客行銷（Inbound Marketing）的商業策略下，低價時尚的需求將會更為明顯。隨著亞馬遜等電商的需求擴大，加上市中心的書店、家電量販店、地區型百貨的分店等可容納人潮的大型商場紛紛退場，像歐洲Primark這樣的大型低價折扣店往市中心展店的機會就更多了。

Primark登陸日本前，在二〇一五年就已接下破產重建的西爾斯百貨（Sears）留下的部分商場，正式進軍美國。登陸日本指日可待，這股趨勢能否引發全球第五次流通創新，我想只是時間早晚的問題。

全球連鎖店的定位與價位比較

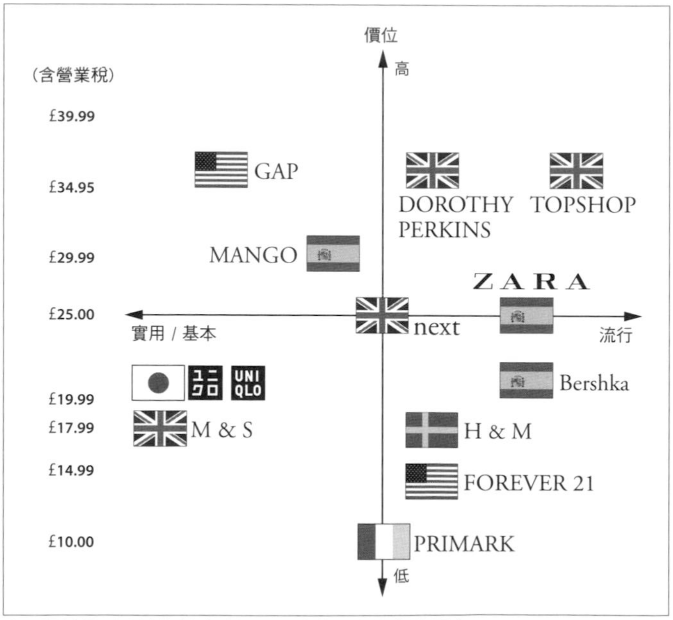

註：價位是以女性襯衫來比較。根據筆者在倫敦的調查。

3 — 姊妹品牌開發策略

優衣庫以「松竹梅分級策略」開發姊妹品牌

這裡我要介紹排名在優衣庫之後，迅銷集團旗下定位為第二、第三線的姊妹品牌。

■ Theory

- 成立時間：一九九七年（迅銷是二〇〇四年出資，二〇〇九年使其子公司化）
- 目標客群：在都會區工作的男女
- 主要通路：百貨公司
- 年營業額：一千億日圓（含PLST等品牌）
- 門市數：五百三十八家（含PLST等品牌）

Theory是一九九七年在紐約的安德魯・羅森（Andrew Rosen）專為女性設立的時裝品牌。簡單而基本款的設計中，注入恰到好處的流行元素，特徵是堅持材質與細節設計的高級質感。在百貨公司裡，**成為負擔得起**（affordable）**的奢侈品，頗獲職場女性支持**，在美國與日本的都會區擴大營業額。

二〇〇四年，迅銷出資，接著在二〇〇九年使其成為百分之百的子公司。這兩家公司有很多共通點，例如：基本設計使用上等材質。對優衣庫而言，Theory既可做為上層流行市場的時裝資訊來源，再者，當初也是看好Theory藉由優衣庫的資金力與大規模，在活化生產系統方面有其加乘效果，才決定併購。

Theory以同一個品牌為核心，針對購物中心，在日本開發了潮流休閒時尚品牌PLST。加上PLST的八十八家門市後，Theory在日本與美國共計展店五百三十八家，年營收達一千億日圓，占迅銷全球品牌事業裡的三〇％（二〇一七年八月結算期）。

■ GU

- 成立時間：二〇〇八年
- 目標客群：以低價享受時尚的十～十九歲男女
- 主要通路：購物中心或郊區路面店
- 年營業額：一千九百九十一億日圓

Theory

• 門市數：三百七十二家

GU於二〇〇八年設立，前身是大榮專賣店事業的一部分，優衣庫收購後，將其打造為比優衣庫更低價的品牌。原本GU的產品定位不明，但受教於優衣庫與CABIN（當時）傳授的生產know-how、接受人才派遣，也運用了一些技巧，例如在優衣庫將門市大型化之際，入駐優衣庫原先使用的門市。而且重新審視一千四百九十元這種不上不下的價格，重新以震驚業界的「九百九十日圓牛仔褲」起步，充實了九百九十日圓價位的商品陣容，訴求「優衣庫的半價」獲得市場廣大回響。

GU

二〇一一年八月結算期GU年營收僅三百億日圓，創業第六個年頭後，年營收終於在二〇一四年八月超過一千億日圓。二〇一七年八月結算期成長至一千九百九十一億日圓，較過去六年成長了六・六倍，平均年成長率達四〇%，成長幅度相當之大。

GU之所以火速竄紅有以下幾個原因。其一是GU活用了優衣褲朝門市大型化，既有門市退場與重置（scrap and build）後的商場空間，這些地段銷售效益非常好，大阪心齋橋、池袋、銀座等旗艦店都是很典型的例子。再者，GU具有和優衣庫同樣的生產背景，享有受廣大顧客青睞的優勢。另外，在H&M、Forever 21等快時尚品牌當中，非主打一般家庭客層基本款商品的GU，顯然已與優衣庫做出區隔，品牌概念是年輕族群的流行時裝，這樣的市場定位也廣獲認同。

為此，GU的宣傳策略也和優衣庫擅長操作的夾報宣傳不同，他們找來時前田敦子、卡莉怪妞、蘿拉等時下最受年輕族群喜愛的明星來拍廣告，大幅提升品牌知名度。不僅如此，GU更汲取了優衣庫在社群媒體、APP應用的技術，靠著相關數據的引導，在產品開發上精準命中時下流行趨勢，寬褲（gaucho pants）和裙裝這樣高人氣的商品就是最成功的例子。

趨勢時裝的訂價問題往往擺脫不了產地及生產時程等宿命，這也決定了一款產品能不能有超人氣的熱度。不可否認的品牌在數年之間不斷成長，一定會有一段時間成長趨緩或銷售下滑，造成營收動盪，但在創業不滿十年，做為一大單一品牌的優衣庫、思夢樂，兩者在日本服裝產業相繼躍居全國前三名的地位，他們拓展連鎖店規模的經營方式不得不說著實令人驚嘆。

優衣庫姊妹品牌的開發手法，可以命名為「松竹梅分級策略」。迅銷收購了比優衣庫更上層流行市場的Theory（松），隨後開發了比優衣庫更低價的GU（梅），再優衣庫的姐妹品牌「松竹梅分級策略」PLST把優衣庫定位在中層（竹），以明確區隔，這與GAP收購Banana Republic（松），自家公司開發了Old Navy（梅）的過程相似。GAP也是藉由這個松竹梅策略，在二〇〇〇年代前半成為世界公認第一的時裝集團。

不過，Theory的價格是優衣庫的十倍，所以，或許把Theory視為頂級，PLST當成松等級會比較恰當。無論如何，與其說優衣庫是跟「松」（Theory或PLST）區隔，不如說是因為跟「梅」（GU）的區隔，使得優衣庫這個比誰都更加基本款、材質也更優的品牌定位，更加明確。

然而，優衣庫為了避免侵蝕到GU的價格帶，把價位從一千九百日圓提升到二千九百日圓左右的時期，卻使得優衣庫的營收變得低迷。因此，目前就算在夾報廣告單的價格偶有雷同，也會具體做出市場區隔：優衣庫是基本款，GU是青少年流行時裝。

但一段時期後，優衣庫為了提升來客數不得不採行降價措施，這也明顯地連帶影響了GU的營收。可見這兩個品牌在特定的商品、價格帶之間，有「同類相食（cannibalism）」的現象，這也是優衣庫、GU在日本國內市場產品類別定位必須面對的課題。

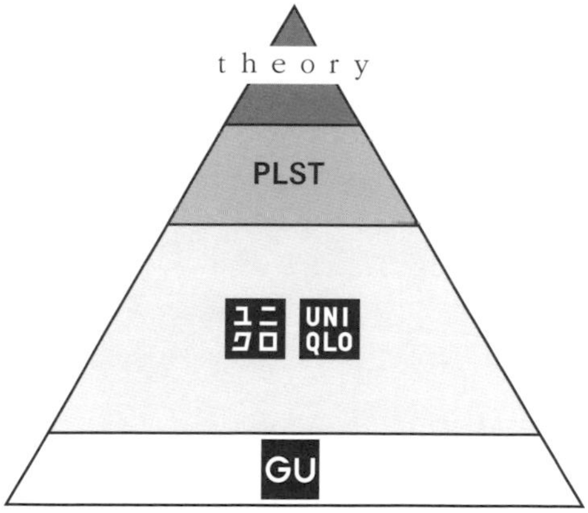

優衣庫的姐妹品牌「松竹梅分級策略」

ZARA的姊妹品牌則是「產品組合手法」

另一方面，英德斯集團對ZARA姊妹品牌的開發，是明確做出市場區隔（目標客群與喜好品味的區分），使用多品牌的產品組合（portfolio）手法來執行。

英德斯除了ZARA，還有七個品牌。每個姊妹品牌都與ZARA相同，採取下列手法：

①在季節之初，提出時裝趨勢

②以門市顧客反應為基礎，做出改良商品，每週二次配送至門市

③提高季節期間商品企畫的命中精準率

將之應用在有別於ZARA的不同市場及客群。

■PULL & BEAR

- 成立時間：一九九一年
- 目標客群：十～十九歲男女
- 主要通路：購物中心或都會區路面店

PULL & BEAR

- 年營業額：二千三百五十八億日圓
- 門市數：九百七十九家

PULL&BEAR這個休閒品牌的目標客群是喜愛牛仔褲或美式休閒風（American Casual）的少年。門市裝潢以都會型自由空間為意象。

■ Massimo Dutti

- 成立時間：品牌創立於一九八五年，
- 一九九一年英德斯入股，一九九五年使其子公司化。
- 目標客群：喜愛高品質的成人男女
- 主要通路：購物中心或都會區路面店
- 年營業額：二千三百八十三億日圓
- 門市數：七百八十家

Massimo Dutti為有強烈獨立志向，都會型現代成年男女設計出優雅、普急性高的風格。門市裝潢以深色木材和溫暖色系組合而成，店內舒適讓人想駐足。

風格上，比起ZARA更為保守、沉穩，品質更高級。如同Polo Ralph Lauren這樣的經典品牌。

■ Bershka

- 成立時間：一九九八年
- 目標客群：對音樂、社群媒體、新興科技有興趣的十～十九歲男女
- 年營業額：三千〇六億日圓
- 門市數：一千〇九十八家

Bershka 提供都會的前衛風格，門市裝潢以白色為基調，以螢光色吸引目光，店內新潮。

■ Stradivarius

- 成立時間：一九九四年創立，一九九九年被收購
- 目標客群：十五～二十七歲的女性
- 年營業額：一千九百九十八億日圓
- 門市數：一千〇一十七家

Stradivarius 是以年輕女性為目標客群的創意風流行休閒時裝品牌。因為早先差點成為 Bershka 的競爭者，在被英德斯收購之後，明確做出市場區隔。門市特色是浪漫的室內裝

Massimo Dutti

Bershka

潢與大盞照明器具。

■ OYSHO

- 成立時間：二〇〇一年
- 目標客群：全部女性（從嬰兒到大人）
- 年營業額：七百七十億日圓
- 門市數：六百七十家

OYSHO提供最新流行的女用貼身內衣褲和運動服裝。門市不大相對靜謐，店內舒適使人想要駐足停留。

■ ZARA HOME

- 成立時間：二〇〇三年
- 目標客群：全體顧客
- 年營業額：一千一百二十一億日圓
- 門市數：五百九十家

ZARA HOME提供最新的居家設計，產品包括：寢具、餐具桌巾、衛浴用品、玻璃器皿及裝飾用品。

Stradivarius

OYSHO

■ UTERQÜE

- 成立時間：二〇〇八年
- 年營業額：一百三十一億日圓
- 門市數：九十家

UTERQÜE是優雅高尚的皮革配飾雜貨與成衣的品牌。店內裝潢使用高級材質，完整呈現奢侈品牌的店內風格。

不同客群品牌開發歷程

一九七五年創業的ＺＡＲＡ，以都會粉領族為客群。一九八八年進軍海外市場後，英德斯集團開始做不同客群的品牌開發。

第一階段，一九九一年開發了低價、較為保守的少年休閒服飾PULL&BEAR。同一時期，它收購了Massimo Dutti，這是專為不愛追求像ＺＡＲＡ這種流行性時裝，卻同樣生活在都會圈，喜愛上等材質、沉穩的大人而設計。

第二階段，一九九八年，ＺＡＲＡ再次以十五至十九歲的女性為對象，開發出比ＴＲＦ這個針對少女的產品

UTERQÜE

ZARA HOME

線感覺更為年輕的個性品牌Bershka。隔年，收購了當時差點成為Bershka競爭對手的Stradivarius，成為專為女性優雅情懷設計的品牌。雖然TRF、Bershka、Stradivarius這三個品牌的主攻年齡層相同，但是彼此有明顯的差異。

第三階段，不僅是外出服，也為了開拓顧客的內在美及生活方式的消費市場，在二○○一年開發了女用貼身內衣褲與家居服飾品牌OYSHO，二○○三年開發了家居裝飾品牌ZARA HOME。

第四階段，二○○八年，開發了使人負擔得起的奢侈品牌UTERQÜE，主要商品是皮包、鞋類等。

各品牌保有其創意與獨立性

英德斯一邊區隔目標市場，一邊兼採自家開發與併購的方式，不斷開發新的品牌。英德斯的階段性布局踏實，且非常好懂。不管哪個品牌，都不是瞄準時裝市場裡的利基、小眾品味市場，而是瞄準較大的市場。在海外展店時，會先設立ZARA，來試探市場成熟度，之後配合市場特性，陸續擴充其他品牌，採取這種較好施展的產品組合手法來打入市場。

依據英德斯公關部的說法，雖然各品牌隸屬同一個集團，但設計與業務團隊的總部是刻意設在西班牙以外的城市，讓彼此之間保有機密性地各自活動。因為不管哪個品牌，賣的都是流行時裝，因此更重視每個品牌的創意與獨立性，集團內部也認為彼此之間有競爭是好事。

至於物流或前往各國展店的基礎建設，ZARA是將所有貨物集中到薩拉戈薩（Zaragoza）的一個物流中心，以良好的裝載效率配送到各國。門市開發也由總部同一個部門處理，會把已經取得的地段再分配給各品牌，用各種方式來提高加乘效果。

ZARA的姐妹品牌產品組合

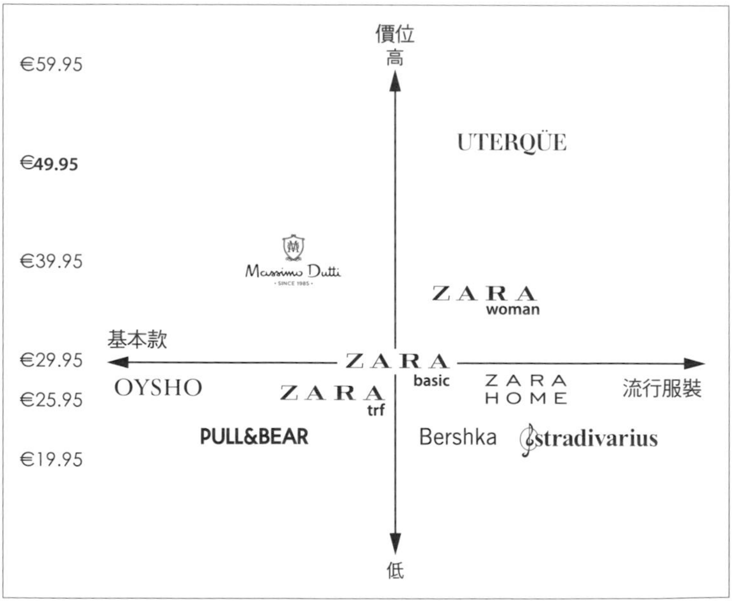

註：價位是以女性襯衫來比較。根據筆者在西班牙的調查。

4 — 優衣庫的未來與課題

隨著優衣庫的發展，迅銷宣布二〇二〇年集團年營收目標要達到三兆日圓（二〇一六年由五兆下修為三兆），優衣庫單一事業體在二〇二一年也要達到年營收三兆日圓。二〇二〇年集團年營收之所以由五兆下修至三兆日圓，最主要是受到二〇一四年到二〇一六年市場急遽變化、集團同步檢討經營策略，進而實際影響總體成長的緣故。由過去這些年的成績來看，優衣庫日本國內事業年增率五％、海外事業年增率二五％，集團子品牌的GU年增率三七％，二〇二〇年集團年營收要達到三兆日圓相當有希望，即使晚了一些時間，但年營收五兆日圓的目標依舊十分可期。

本節將就優衣庫國內事業的成長穩定性，以及海外事業能否有二位數以上的成長進行討論。

既有門市的活化與擴大電商事業的關鍵

本章要探討的並非優衣庫有多強大、新開設了多少門市、銷售額成長多少，而是要關注優衣庫之所以關閉營運效率不佳的門市，另覓好地段、有商機的地點展店，也就是品牌經營的汰舊換新，提升單一門市的營業額、銷售效率，諸如種種具前瞻、有果斷的成長要因。

從二〇一四到二〇一八這四年來看，優衣庫國內門市數由八百五十三家減少至八百三十一家，一共少了二十二家，但單一賣場面積從二百四十七坪增至二百六十九坪，擴增幅度約有九%；單一面積的銷售坪效也從二十六萬二千日圓增至二十八萬五千日圓，銷售效率成長了九%，國內總體營業額還有持續成長的趨勢。

這樣的經營策略也反映了國內市場已漸飽和、百貨零售業人手面臨不足，以及人才難尋等市場現況。更進一步來看，因為大量拓展海外門市，營收挹注雖說對國內事業有幫助，但卻不得不面對得將高階管理人才往海外派駐的現實。

然而，實體門市擴大與單位面積銷售效率提升，對優衣庫有二大好處。

其一，商品的陳列量變多了，可有效避免人氣商品面臨缺貨。再者，門市倉庫的庫存量也變多了，也能有效掌控機會成本（opportunity cost）。

在迅銷發布的財報中，皆揭露了優衣庫國內事業每一門市年終庫存量與每一平方公尺的庫存占比。從時間序列與四年前對照來看，庫存在每一門市及單位面積上各增長了一五%與六%，由此可窺一二。

另一個好處是，門市擴大較能負荷得了新商品的開發計畫，這在第五章第二節當中也討論過了。賣場的面積擴大，除了一般商品的庫存空間變多、能藉此開拓新客層，或更深掘既有客群，做出明確的商品分類，但這相對的也擠壓了每一單位的銷售效率。這時候就不得不思考開發新種類的產品，優衣庫於是開始與國際知名設計師、創作者共同開發聯名款商品，在既有的商品分類中創造新的話題性產品。

除了二〇〇九年至二〇一一年，優衣庫與知名設計師吉爾．桑達（Jil Sander）聯名推出的「+J」系列之外，過去優衣庫與知名設計師的聯名計畫不能長期推展的原因，並非在於商品本身的價值。聯名款商品備受期待、也富有設計感，價格當然會比優衣庫一般商品高。以此來看，高價產品數量太多的話，也會有庫存過剩等問題，所以上市時也不得不採取降價因應，長此以往也會有策略失當之虞，這也是必須面對的。

但這種情況近期已改善不少。前愛馬仕創意總監克里斯多夫．勒梅爾（Christophe Lemaire）加入優衣庫，端出「U系列」產品；以及和英國品牌JW的創辦人強納森．安德森（Jonathan Anderson）合作的聯名款都與優衣庫既有的一般商品縮小價格差距（在以往的價格帶範圍內）。不僅增加了意想不到價值，也可以說做出了更有質感的基本款商品。如此一來不但吸引了選擇門市購物的客層，固定消費的客層也能接觸到新商品。以大型門市與網路商店為中心展開銷售時，將這些富有設計感的商品陳列在最醒目的地方，隨後同款或同類別的商品也緊跟在後。在新商品開賣到完售之間，優衣庫在賣場經營上的確下了不少功夫。

電子商務化的優衣庫

實體門市銷售效率提升的同時，優衣庫也將觸角延伸至線上購物（電子商務）的經營。

二〇一三年八月結算，優衣庫的線上平台營業額共有二百四十億日圓，占國內事業銷售比率的三・五%。二〇一七年八月更是大有突破，營業額成長了二倍，達到四百八十億日圓，線上購物的市占率更有六%以上的成長。由近兩年的成績來看，優衣庫國內市場的營收幾乎有一半貢獻來自線上平台不斷成長的營業額。

據產業媒體《纖研新聞》的調查，日本服飾業（網購業者除外）的線上平台業績占營業額的六・七%左右，數年前優衣庫只有三%，較業界水準來得低許多。但優衣庫近兩年來急遽成長，幾乎一口氣超越業界水平，估計未來還能有三〇%的成長。

優衣庫總是目標遠大，他們也宣示線上平台的營收比率要達到三〇%，這個目標絕非毫無根據。優衣庫創業初期曾參考英國品牌 next 的ＳＰＡ（參照表 6-1，國際級大型服裝企業的營業額排行）。該品牌的線上銷售比率現在已超過四〇%，營業利益率是排行榜中最高、最有成長的企業。在英國市場幾近飽和的狀態下，next 的電商策略活化了門市及物流網絡，他們提供在商店網站購物，到實體店提貨這種按鍵提貨（Click&Collect）服務，打出「全渠道零售」（Omni-Channel Retailing）的策略模式，在飽和的英國市場中成為服飾業經營的好榜樣。next 在英國的實體門市採行活化與再造、全渠道零售的經營戰略，也可以說是優衣庫的經營藍圖。

優衣庫近來不斷充實智慧手機APP服務、提供消費者最新的流行情報，吸引顧客至最近有存貨的門市消費。此外，在網路線上平台下單的顧客，優衣庫大膽以物流「最後一哩路」（Last one mile）的戰略概念來應對，活用各種方式讓顧客及早收到商品，諸如宅配、便利商店取貨、就近門市取貨等等。這些努力大大壯大了優衣庫的電商實力。

在全渠道零售的時代，優衣庫也期待未來能更精準掌握商品庫存量，以及減輕門市人員作業流程，朝商品、門市全面電子標籤化（RFID）努力。

蛻變成資訊零售業——優衣庫的「有明計畫」與經營視野

二〇一七年二月，迅銷集團將優衣褲的商品及銷售部門從東京港區的六本木中城（Midtown）遷移至江東區的有明物流倉庫上層，同時對外宣告「有明計畫」正式展開。不僅如此，企業思維也從「Made For All」（為所有人做）改變成「Made For You」（專為你而做），宣示優衣庫將朝「資訊零售業」的目標前進。

我之所以將優衣庫稱為「資訊零售業」，是因為在資訊科技（Information technology，後面簡稱IT）的進步下，優衣庫能透過線上購物平台及門市實際銷售的商品類別，掌握消費者的衣著喜好，在每一季商品規畫時能更精準預測、切中顧客所需，開發足以供應顧客的新商品。

這也就是說，優衣庫已從以往「按規畫製作好商品、再按規畫銷售」，轉變成精準掌握各大數據，了解顧客動向（資訊情報充足）的模式，以庫存最佳化為優先，做好銷售，並以此為基準製作開發新商品。

在此之前，優衣庫找了在IT領域很強的埃森哲顧問公司（Accenture）來為公司指導，也增聘了許多IT領域的專業人才。趁著本部遷移至有明大樓的契機，也一併將營業部、商品部、生產部門的同仁集中在空間寬敞、無明顯區隔的同一層樓辦公，好增進這些部門的同仁之間交流的機會。這也是為了有效提高決策的效率，提升各個季度的業務精確度。

現在最令日本流通業頭痛的是，消費行為都往電子商務及消費者對消費者之間的交易模式（C2C）分散，實體門市的業績幾乎都在下滑，這方面也是因為人手不足、門市人事費及管理費高漲的緣故。無論是優衣庫的迅銷集團，或是世界首屈一指的其他零售業，營業利益率下降都是不得不面對的現實。

如此一來，我們更能理解優衣庫以在一整個季度中，極力避免熱賣的商品缺貨、不讓庫存過剩，以達到庫存最佳化，同時盡可能不調降售價，從顧客的需求出發，以成為「資訊製造零售業」為目標的策略考量。

以筆者在二〇一四年前往西班牙採訪英德斯集團時的所見所聞來看，優衣庫「有明計畫」的內容與ZARA的「辦公概念」可以說是非常相似。

海外致勝的關鍵就在中產階級

本書出現過好幾次優衣庫的名言：「我們永遠以市場最低價格，為大眾提供任何時間、任何地點、任何人都能穿著，時尚感與高品質兼備的基本款休閒服。」

實際上只要遵循這個概念，進行商品企畫，開發更多元化的同款尺寸，在有一定所得水準以上的國家，優衣庫就能成為擁有最廣客群的品牌。

意即，**相較於Ｈ＆Ｍ或ＺＡＲＡ這類代表流行時裝文化的品牌，優衣庫鎖定的是比它們更廣大的市場**，在剛才提到的營業額排行榜前十名裡，如果說優衣庫是有可能達成最高營業額，成為世界第一的潛力品牌，這種說法一點也不誇張。

達成這個目標的必要條件是，**進軍國家中產階級的人口增加，及其人民對品質的意識**。雖然優衣庫是市場最低價，但在歐美先進國家或日本，仍然有許多人覺得優衣庫的價格很高，在市場上還是找得到很多比優衣庫更便宜的實穿服飾。

因此，優衣庫在該國的擴張條件不只是價格，還得仰賴該國民眾經濟充裕，繼而能在乎衣服品質與機能、擁有品質意識的人口變多。

為何優衣庫在歐美容易碰壁？

優衣庫在創立的時候，**學習的標竿是先進國家當地的基本款休閒服ＳＰＡ大型企業，一般認為，優衣庫在這些先進國家的成長是有限的。**

舉例來說，美國的服裝市場雖然大，但以主要企業來看，光是GAP集團就占有一兆二千六百億日圓這麼大的市場（GAP是三千三百億日圓，Old Navy是七千一百億日圓，Banana Republic是二千二百億日圓等）。至於沃爾瑪或塔吉特這種擁有壓倒性銷售力的折扣低價商店，則擁有很大的服飾賣場。

再者，當優衣庫遇到T.J.Maxx或ROSS這幾家品牌折扣店（off-price store），也可能要灰頭土臉。所謂的品牌折扣店，是大量買入Polo Ralph Lauren或Calvin Klein等國民品牌的流通庫存，經常性折扣銷售的連鎖店。光是排行前兩名的公司，就擁有美國超過四兆日圓的市場規模，它們在設有超級市場的購物中心裡展店，用低價大量販賣與生活密不可分的實用衣物及基本款休閒服飾。

同樣的，在歐洲大陸稱霸的C&A這家基本款休閒服SPA老字號，擁有傲人的市占率，在德國將近一〇％，在整個歐洲大陸占了五．六％（兩者都是二〇一二年二月結算期的數據）。另一方面，在英國也存在著如Primark、next、ASDA（超市）的服裝銷售部門、馬莎百貨（Marks&Spencer）等，已經坐在「頭等艙」的強大基本款休閒服競爭對手。

因此，優衣庫成長的主戰場將集中在以中國為首的亞洲新興國家，除了因為中產階級人口今後有可能陸續增加，也因這些國家裡的基本款休閒服市場，市占率爭奪戰都尚未分出勝負。在日本市場贏取第一名寶座的優衣庫，是否能成為「亞洲的優衣庫」，在亞洲的新興國家要如何盡快擴大、求勝，格外受到大家注意。

優衣庫如何因應前所未有的展店速度？

優衣庫實際上一直加速在中國展店，但是遇到的問題也不少。

尤其是以下兩項：**其一，因為成本攀升，使得價格優勢變弱。其二，人才培育或營運速度，是否趕得上急速大量展店的速度。**

利基於先進國家所得與新興國家成本的落差

首先，關於成本攀升，這當然也是所有企業的課題，但對優衣庫的衝擊特別大，是因為**優衣庫原先的商業模式，是在人事費用低廉的世界工廠中國，透過廉價生產得以實現。**優衣庫把在中國用低廉人事費用生產的東西，帶進日本經濟大國，打著「用市場最低價做出高品質」的口號而成功。也就是說，利用先進國家的所得與新興國家的成本落差，是一種奠基於全球資本主義（global capitalism）的商業模式。

優衣庫目前把在中國的生產比率調降，將生產地移往越南、孟加拉、柬埔寨，不過也**許今後很難再看到銷售國的所得與生產國的成本的懸殊差距，要再賺到全球資本主義的輕鬆財已經不容易。**如果維持現狀，只加速展店，勢必也會增加降價促銷活動，即使營業額衝高了，要提升利益率仍然有一大段路要走。因此，優衣庫有可能被迫重新審視商業模式。

再者，人才培育的速度是否趕得上大量展店的速度也是個問題。如你在本書讀過的，優衣庫門市本身的數量並沒有大幅增加，是透過門市大型化，增加單店的營業額，一路成

優衣庫及英德斯旗下品牌的亞洲門市數目

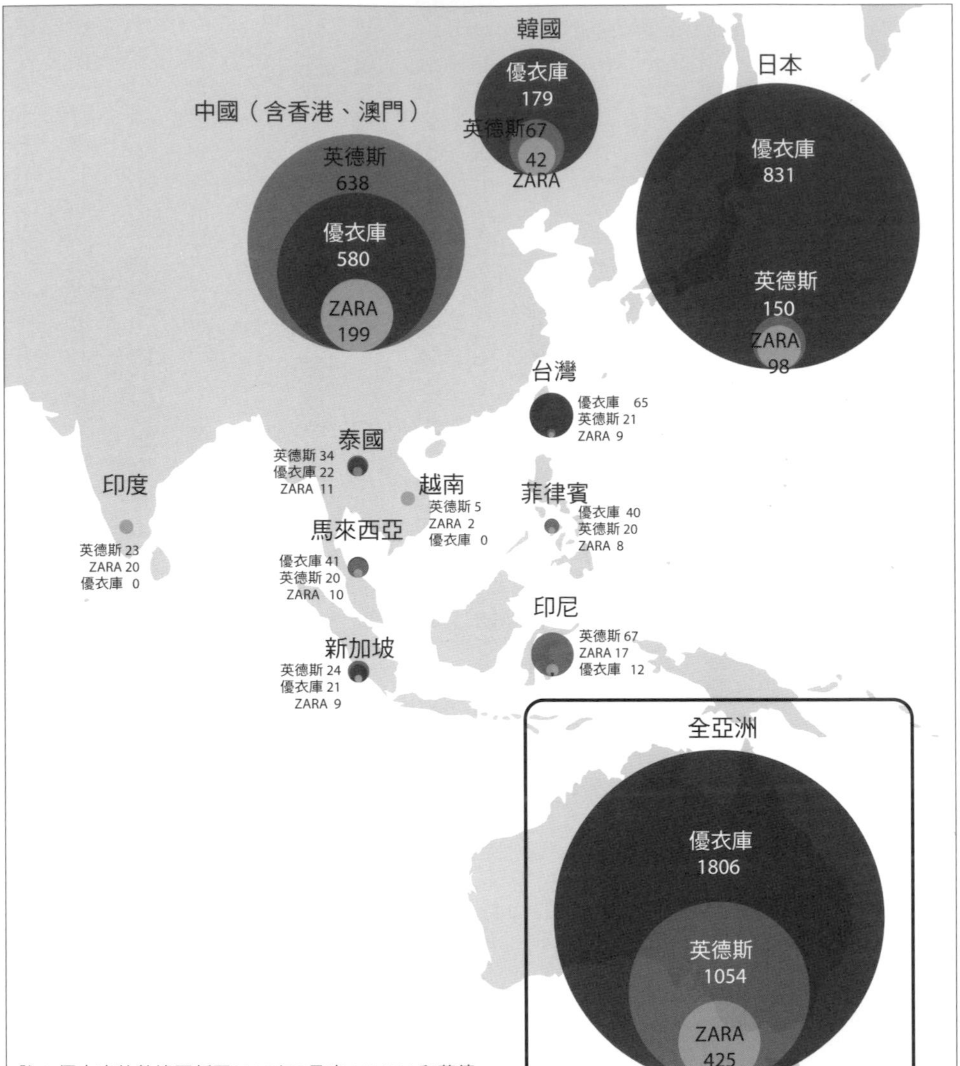

註：優衣庫的數據更新至2017年8月底；ZARA和英德斯集團更新至2018年1月。

長過來的。**也就是說，優衣庫是一邊調和人才培育與展店速度才得以成長**。

請回顧第五章，優衣庫在展店的同時，也關閉了許多門市，門市的淨增量，也就是期末門市的增加量，在二〇〇一年八月結算期和二〇〇五年八月結算期達到最大值（一年四十二家）。附帶一提，更往前追溯的話，二〇〇一年八月結算期，出現過展店一百一十一家，撤店二十五家，淨增量八十六家的情況。

人才培育速度是一大隱憂

對此，二〇一三年八月結算期，在中國就有八十家門市，在海外事業整體有一百五十家門市的優衣庫，開始了前所未有的門市數量擴增。我推測中國的購物中心開發商會開出好的條件對其招商，從優衣庫的資金力來看，展店只是意願問題。展店可以提高營業額，也許能避免虧損。

然而，優衣庫過去是一面在日本國內進行門市大型化來維持銷售效率，一面配合人才培育速度而使自己成長、培養出獲利能力。對它來說，即便在海外透過展店能拉升營業額，但在人才培育的速度趕上展店的步伐之前，短期內可能都需費心於提高銷售效率（每坪營業額）及營業利益率。

關於這個課題，我們採訪到在迅銷上市以前、從門市開始做起，之後到總公司長期在柳井正身邊做事的前員工。

「我在一九九〇年代進入公司以後，就一邊理解柳井會長的優衣庫主義（Uniqloism），同時體驗優衣庫在成長期的嘗試錯誤（trial and error）。曾經培育過大量店長的優秀社員們，如今有很多都還在公司，他們已晉升為幹部，而且表現傑出。柳井先生很看好他們的潛力。如果是讓他們到海外去講授優衣庫的優勢與成功模式，要達成一年數百家的展店是可以輕易實現的，我也相信他們能量產出會賺錢的店長。停頓期應該短期內就能夠突破。」這位前員工這麼說。

但是，**優衣庫要面對的是截然不同的課題，在海外，大型店大量展店之後，才要在後頭提升效率，這是優衣庫在日本經營過程中未曾有過的經驗**。優衣庫突然進入了未曾體驗的領域，這是毋庸置疑的。

海外事業成長的關鍵在中國

前員工回應是在二〇一四年，如今四年過去了，究竟優衣庫的海外事業經營得如何呢？

表6-3是優衣庫國內事業與海外事業銷售效率及生產率的變化比照圖。四年前海外門市的銷售效率（單位面積營業額）與國內事業還有三分之二的差距，近來差距卻已縮減至八〇%。另外，生產率（每一從業人員的營業額）的差距也在二〇一七年大幅縮小至七〇%。

優衣庫進軍海外展店，同時國內事業實體業績也穩健向上，這要歸功精銳幹練的管理階層們改善了海外經營的策略模式。

表6-4是優衣庫國內與海外事業，以及中國事業的營業額與稅前淨利變化比照表。優衣庫的海外事業中，中國門市占了近半數，年營收部分也超越日本國內門市（二〇一七年八月，日本國內事營利率一二・一%，被中國門市的一五・一%正式超越）。

這些數據應驗了四年前受訪員工的話。以迅銷集團二〇一八年八月年中結算報告看，海外事業的營業額已超越國內，數年的營益率也有增長。

優衣庫事業未來穩健成長的關鍵，重心將放在拓展中國門市，以及其他海外門市穩定的挹注上。

表6-3 優衣庫國內事業與海外事業的銷售效率及生產率變化比照

單位面積營業額（銷售效率）	2013.8	2014.8	2015.8	2016.8	2017.8	較四年前
國內事業	257	256	271	269	274	107%
海外事業	167	196	232	213	218	130%
優衣庫總體	221	229	252	242	244	111%
國內／海外差額	65%	77%	86%	79%	80%	
每單位人力的營業額（生產率）	2013.8	2014.8	2015.8	2016.8	2017.8	較四年前
國內事業	33,112	31,389	31,206	29,400	29,097	88%
海外事業	17,163	19,418	23,059	22,237	21,043	123%
優衣庫總體	23,604	23,916	25,796	24,967	23,415	98%
國內／海外差額	52%	62%	74%	76%	72%	

單位：千日圓

表6-4 優衣庫國內與海外事業，以及中國事業的營業額、稅前淨利變化

		2015.8	2016.8	2017.8
優衣庫國內事業	營業額	780,139	799,817	810,734
	稅前淨利	119,651	100,456	97,868
	營益率	15.3%	12.6%	12.1%
	年末門市數	841	837	831
優衣庫海外事業	營業額	603,684	655,406	708,171
	稅前淨利	42,914	37,138	72,814
	營益率	7.1%	5.7%	10.3%
	年末門市數	798	958	1,089
優衣庫中國事業 迅銷（中國）	營業額	182,573	213,565	231,728
	稅前淨利	22,987	26,464	34,976
	營益率	12.6%	12,4%	15.1%
	年末門市數	387	472	555
中國以外的海外事業	營業額	421,111	441,841	476,443
	稅前淨利	19,927	10,674	37,838
	營益率	4.7%	2.4%	7.9%
	年末門市數	411	486	534
優衣庫事業體總計	營業額	1,383,823	1,455,223	1,518,905
	稅前淨利	162,565	137,594	170,682
	營益率	11,7%	9.5%	11.2%
	年末門市數	1,639	1,795	1,920

單位：百萬日圓

5 — ZARA的未來與課題

靠著空運基礎建設，展店無國界

ZARA已經進軍九十四國，其中包含未進入全GDP排行榜一百二十名內的多明尼加、蒙特內哥羅、馬其頓、亞美尼亞等國，有些國家的GDP很高，但國土大城市卻分散，如：巴西、俄羅斯、印度、加拿大、澳洲等。**ZARA靠著獨樹一格的空運支援物流基礎建設，即便在上述這些國家，也無需追加高額成本，就能夠自由自在的操控展店計畫。**

而且，**拉丁美洲有很多以西班牙語為母語的國家，比起其他全球連鎖店，進出新市場的門檻更低，是ZARA一大優勢**。

英德斯集團在二〇〇〇年代前半，經歷過營收年成長率超過二〇%的階段，二〇〇五年以後以永續成長作為經營方針。此後，營收成長率維持每年一〇%的穩定成長。

目前，除了在歐洲先進國家計畫將門市大型化，也同時在中國等亞洲國家或俄羅斯等東歐國家創造市場需求，此外還在印度探求發展的可能性，在南半球、特別是巴西市場，也正企圖擴大中。只要是在營收成長率一〇%的範圍，展店應該沒有任何風險。

我推測，ZARA進入、擴大新市場的條件，也許需要的舞台是，**該國大多數的女性**

在社會開始活躍，並且越來越關心個人的職場表現。這意味客群上雖然會有某種程度的受限，但她們對於流行設計有一定的理解，比起基本款衣服，願意花更高的金錢，頻繁採購補足衣櫥空缺，樂意汰舊換新。

此外，因洽公經常在全球當空中飛人的商務人士，他們在出差目的地、觀光地的採購需求，也成為ZARA重要的目標市場與銷售機會。

ZARA下個階段，關鍵是「土耳其」和「折扣商店」？

筆者總覺得，ZARA未來課題存在於支援擴大展店的那條供應鏈，對此我採訪公關部長赫蘇斯・艾切維里亞（Jesú Echeverrí），提出以下幾個疑問：

①在英德斯，每年包下二千班次的波音七四七，針對使用卡車的及門運送服務需耗費三十六小時以上的門市，全數使用空運配送商品。當前往歐洲以外的國家擴大展店時，航空運輸成本的增加，是否會成為問題？

他如此回答：「裝載空間還有餘裕，對於短期內的生意擴大，所追加的成本並沒有想像中高。畢竟物流成本只占我們營業額的一％，這個課題完全不妨礙未來的成長。」

②當生意擴大時，目前占全部商品五〇％以上的小批量短交期生產的產地（西班牙、

葡萄牙、摩洛哥）的產能不會有極限嗎？

在我對艾切維里亞部長提出這個問題之前，已經從加利西亞自治區纖維協會的會員（成衣製造商）聽聞過此事。這情況是否與日本縫製工廠相同，產業進入高齡化？生產線是否仰賴亞洲來的廉價勞工？因此我很好奇未來的走向。

對此，部長回答：「確實在歐洲經濟危機之後，縫製工廠突然少了很多家。然而，加利西亞自治區本地的年輕勞動者，一直都是產線上的得力助手，直到現在仍陸續加入這個產業，所以我們還是很有前景。何況鄰國葡萄牙就像是隔壁鄉鎮一樣，我們不擔心這點。」

我也從英德斯公關部得到證實，當地中等規模（數百人）的縫製工廠，員工的平均年齡是二十出頭。儘管如此，ZARA雖然宣稱自己是少量生產（small batch），但畢竟全球展店高達二千家，生產規模有天壤之別。

艾切維里亞公關部長表示：目前鄰近各國的定義指的是西班牙、葡萄牙、摩洛哥這三國，但正準備未來要把土耳其列入「鄰近國家」。土耳其的伊斯坦堡，是包機空運班次每天必經之地，貨物很頻繁地進出此地，因此在土耳其進行採購、剪裁後零配件的車縫委託作業、完成品的運回等，沒有任何不便之處。

土耳其是成衣原料也很豐富的世界纖維產地之一，七千六百萬人口的平均年齡是三十·四歲，對纖維產業來說是前景非常看好的國家。

③英德斯的第九個品牌，會是低價業態？

造訪英德斯總部所在地加利西亞自治區拉科魯尼亞鎮時，我首次見識到英德斯旗下品牌Lefties的業態。原先只是為了出清ZARA品牌過季產品而設的連鎖店，但現在該品牌已擁有自己專屬的設計團隊，只在西班牙、葡萄牙、俄羅斯展店。價位是ZARA的半價（約十五．九五歐元），是該集團中最低價格帶的時裝連鎖店。

我詢問艾切維里亞部長，此業態是否用來對抗Primark或Forever 21？今後有無全球布局的計畫？

他回答：「現階段我們完全沒有這個打算。我們知道Primark等折扣低價商店的動向，不過我們不清楚幾年之後會發生什麼事，也不能說我們完全沒有做任何準備，我們總是能夠靈活因應。」

就算達成終極目標，仍永無止境的自我改善

英德斯是製造業出身的SPA（服飾製造零售業），觀察店內顧客對流行時裝的反應，再靈活、快速地做出改良版產品，這樣的營運架構早在一九九〇年代有某種程度的輪廓了。

這樣的境界，某種層面意味已經到達服飾業的終極目標。進入二十一世紀之後，英德斯利用股票上市取得的資金，進行階段性的物流投資，無論在全球哪個角落展店，持續不

斷地淬鍊能夠將產品即時送達顧客手中的物流體系，以及從門市到縫製工廠都以穩定、一致的步調來工作的營運體質。

而且在二〇〇五年以後，為了「利害關係人（stakeholder）」全面達成永續成長，以「永續（sustainability）」為標語，在大大小小各方面都細心預備。在整個公司裡頭，能感覺到一股確實的安定感。對於筆者曾評論過「這是時裝產業中，最為成功的商業模式之一」，部長回應：

「我們不敢說自己是成功的，也沒做什麼特別的事，每個人只是日復一日靈活地思考、行動、改善，保持天天進步而已。」

離開面對大西洋的加利西亞自治區拉科魯尼亞鎮、位於阿特索工業區裡的英德斯企業總部，一路上，世界第一企業的幹部口中這句話，深撼我心，久久盤旋不去。在這個管理ZARA、ZARA HOME以及集團全體的總公司裡，來自全球一百四十個國家的員工在此工作，他們不斷思索著熱愛時裝的顧客們，每每造訪全球九十四國門市時，所表現的購買行為與偏好變化。

不斷進步的ZARA

我在二〇一四年撰寫本書初版時，ZARA的營業額及營業利益剛好在最低潮。從二〇一四年一月至二〇一五年一月的一年間，ZARZ營業額較前年比增長了二%，同年則是增長七%；營業利益減較前年少了六%，同年則是增長二%，ZARZ邁入低成長期，也是最艱困的時候。時值歐洲景氣低迷，這對在新興國家成長趨緩、同時又想拓展國際市場的ZARZ來說的確非常嚴峻。

但之後的二〇一五、二〇一六、二〇一七這三年，情況漸有好轉。各年營業額較分別較前年增長十八%、十三%、八%；營業利益則是增長一五%、一三%、九%。

這段期間的ZARA究竟施行了什麼經營策略呢？

首先，我們可以從實體門市發現二大改變。第一是「價格戰略」。ZARA在商品種類中，就顧客特別有需求的上衣及基本款的褲子，在以往的價格帶（參見第二章第四節）之中再增加了一等級（one rank）較為便宜的價格帶。這些較為便宜、廣受顧客喜愛的基本款商品諸如有：一系列淺色的薄毛衣、開襟衫、素面T恤等，ZARA打出低價格帶的

位於加利西亞自治區拉科魯尼亞鎮的英德斯總部

策略其實和優衣庫相似，這個做法頗有成效，不僅來客數增加、實際購買的人也變多了。

第二，以稍微專業的說法來說，就是「改變門市的陳列方式」。各品項的陳列變得更有系統、更有座標感了，陳列整齊也增加了門市可容納的庫存量。以往一個架上會擺出以衣架掛好的外套、上衣、下身衣著，搭配好六套。現在最多只有四套，這是為了讓顧客們看得更清楚，整套衣著可以「面對面」的方式正面視人，供顧客挑選。店內的服飾商品幾乎全部以「面對顧客」的方式陳列，更能傳達出品牌當季的設計概念、時尚風格。貨架上陳列的服裝縮減後，有可能會擠壓到庫存量，這也能減少同仁們疏漏補貨、錯過銷售時機的情狀發生。

接著，為了促進和顧客之間的聯繫，試探其購物喜好，同時減輕庫存管理與門市作業的流程，ZARA導入了最新科技——電子標籤。二〇一六年全世界的ZARA門市都已全面採用電子標籤。電子標籤是透過電波，以非接觸型的方式自動辨識附著在物品上的標籤。這項新技術可辨識顧客買取的各種商品，同時利於庫存管理、物流作業，計算營業額等業務。對ZARA這種品項繁多的服飾業來說，電子標籤技術能讓庫存管理更有效率，也能減輕門市人員補貨及管理作業上的問題。此外，利用電子標籤這項技術能提高庫存數據的精準度，在頻繁改變門市陳列方式的同時，讓商品種類維持豐富、齊全，也能間接提升門市服務的好感度。

此外，有至少三百位以上員工的IT部門，專責開發及維護手機APP，也讓

ZARA在「滑世代」仍保有流行時裝圈的優勢。ZARA的APP除了打出當季的商品提案及提供線上購買以外，也為顧客提供所需商品是否有庫存，以及最近的門市資訊。用這個APP掃取商品條碼還能檢視門市的庫存量，當然也可以直接在線上購買。ZARA的應用APP在還未導入日本，但只要安裝好「電子錢包」（In Wallet）、綁定扣款信用卡，透過掃描QR-CODE的方式，一樣可以快速結帳購物，無論是線上購物還是在門市消費，一樣都是無紙化交易，只會收到電子帳單。電子錢包購物相當便利，不管是線上購物還是門市結帳，一樣都能享有退換貨服務，手續也一樣便利。

將土耳其納入商品生產地

二〇一四年我前往西班牙英德斯總部採訪時，曾就如何維持商品供應穩定這個問題詢問過公關部長赫蘇斯·艾切維里亞。為了維持供貨穩定性，英德斯已將西班牙的鄰近國土耳其納入產品供應鏈。雖說是鄰國，西班牙至伊斯坦堡也有四千二百公里遠，相當於東京到越南的距離。

ZARA擁有一條輸送商品的空運航線，這條空中輸送動脈從西班牙的薩拉戈薩出發，往返巴黎、伊斯坦堡、杜拜、香港、關西機場之間。土耳其的伊斯坦堡之所以在這條空運線上，主要是能將土耳其工廠裁製好的衣料送至各生產線縫製，在這條供應鏈上生產出的服飾產品，只要幾天之內就能送往各國販售。

從這個概念來看，杜拜做為中東的樞紐、香港做為進出中國的要道，英德斯在供應鏈的管理和進化上，未來應該還有很大的發展空間。

實體門市與線上平台的整合

這段期ZARA最大的改變，就是將實體門市與線上平台完全整合，並明確做出策略考量。在歐洲市場方面，亞馬遜等大型電商紛紛崛起，市占率不斷擴大，也間接改變了零售市場的生態。做為後起之秀，ZARA在二〇一〇年才於歐洲開始施行線上購物業務。

ZARA的策略方針決不是為了強化實體門市的銷售額，而將新型態的電子商務龍頭亞馬遜視為勁敵。本來就以顧客需求出發的ZARA，變得更重視顧客的需求了，更在意他們購買的商品，為了與顧客們建立起可持續發展（Sustainable）的關係，ZARA以更為友善的態度為出發來經營線上服務。

除此之外，不只限於門市，ZARA倍受青睞的原因，是他們也相當重視線上平台的商品陳列及露出方式。線上平台一目了然，只要一鍵就能將商品放入購物車結帳（Click&Collect），想要到店取貨，資訊也會同步更新。

顧客們在線上平台（手機或電腦）上找到喜歡的商品想試穿，平台也會顯示就近的門市，方便顧客到店試穿選購。直接在平台上購買，到門市也能快速拿到商品。ZARA經營電商的種種努力，對顧客們來說相當有幫助，也增加了購物的便利性。

線上平台的好處不只有這樣，除了確認顧客選購的商品之外，還能透過平台發表最新的流行趨勢，顧客們也會因為不想錯過，藉此吸引他們光顧門市。據調查，在線上平台找到屬意的商品，轉而到實體門市購買的消費比率有六六％之多。

對ＺＡＲＡ而言，雖然擴大線上平台服務是目前在經營上最重要的目標，但他們更希望顧客們無論如何都能常來門市逛逛。

我們在第四章第三節中談過，從門市陳列的商品即能掌握顧客們如實的反應。對ＺＡＲＡ來說，全季銷售的商品有七五％必須充裕、不能斷貨，而顧客們的試穿資訊能為下一季度的商品開發提供最寶貴的設計靈感。也就是說，顧客們的試穿資訊是維繫商品開發、設計最重要的生命線。

秉持著這樣的理念，ＺＡＲＡ總是敞開大門，歡迎顧客們來店裡走走，多多試穿不同種類的衣服。愉快購物之餘，也能激發ＺＡＲＡ新商品設計的靈感。

ＺＡＲＡ經營者對外宣示了一個簡單明瞭的商業概念，就是要以「打造門市與線上平台完全整合的商業環境」為目標。在這個理想目標前，全體員工們都朝著同一個方向努力著，我不得不再次感佩ＺＡＲＡ的強大實力。

⓳ 2019 年 7 月由英德斯營運長 Carlos Crespo 升任集團執行長。

最有遠見的企業，ＺＡＲＡ總能從未來回望當下

自二〇〇五年帕布羅・伊斯拉（Pablo Isla）[19]接任英德斯的執行長以來，集團的年率已從二〇%的高成長來到維持一〇%成長的安定成長階段。

之後英德斯集團更以帕布羅為首，倡籲及宣揚地球環境及人類永續經營的企業理念（事實上這個概念早在二〇〇二年就已提出）。

聯合國於二〇一五年提出「全球永續發展目標」（Sustainable Development Goals，SDGs），大至國家、小至個人企業都能朝永續經營方面發展。期望在二〇三〇年前落實十七個目標（如圖示）。聯合國更將這些目標訂為企業經營指標，詳細具體內容同時刊載在年度報告中。

致。

聯合國提出的SDGs這樣「從未來往回看現在」的概念，其實和英德斯的企業風格很一致。

英德斯每回的成長都不和前年相比，眼界也不局限在三到五年的中長期計畫，他們最想先看的是「未來」，以此構思並回望當下，同時做出改變。我可以說，這就是他們所向披靡的原因。

UNIQLO

最終回

二〇三〇年全球服飾專賣店排名預測

VS ZARA

我想在本書的末尾預測優衣庫與ZARA的未來。

我在二〇一四年執筆撰寫本書時就曾談到，迅銷的目標是二〇二〇年集團年營收五兆日圓，在期中的二〇一七年八月結算期達到年營收二兆五千億日圓，可說設定了相當高的目標。雖然接下來的二年營收頗有起色，但世事難料，迅銷在二〇一六年決定，將總成長五兆日圓的目標下修至三兆。

對照目前的實際業績來看，二〇二〇年集團營收三兆、二〇二三年優衣庫事業體營收要達到三兆的目標，就預期來說是合理、沒有困難的。

迅銷集團在二〇一七年八月結算期的營收是一兆八千六百一十九億日圓。其中包含優衣庫國內事業營收八千一百〇七億、海外事業營收七千〇八十一億、其他事業貢獻三千四百三十一億日圓。

迅銷集團過去三年的平均成長率為一〇%，優衣庫也是一〇%。但就優衣庫國內事業五%的成長率來看，早已被海外事業二五%的成長率超越。未來優衣庫海外事業占整體營收的比率還會愈來愈高，預計會提升優衣庫年平均成長率達到一七%。優衣庫的成長也將為迅銷集團的營收帶來超過八一%的貢獻。

另外，我也預期：英德斯將有一一%、ZARA也有一一%，H&M七%、GAP〇・五%、L Brands二・五%、Primark一四%的年平均長率。（表6-A、6-B）

6-A 全球大型服裝企業營業額預測（2030年）

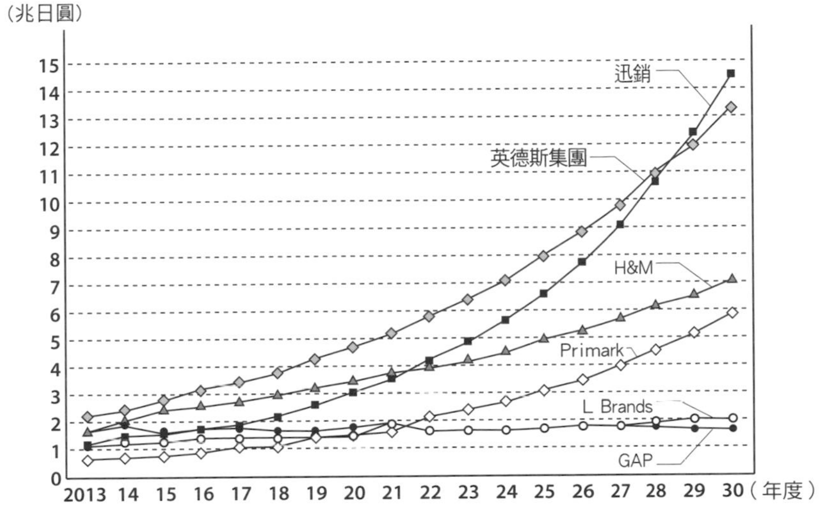

6-B 全球大型服裝品牌營業額預測（2030年）

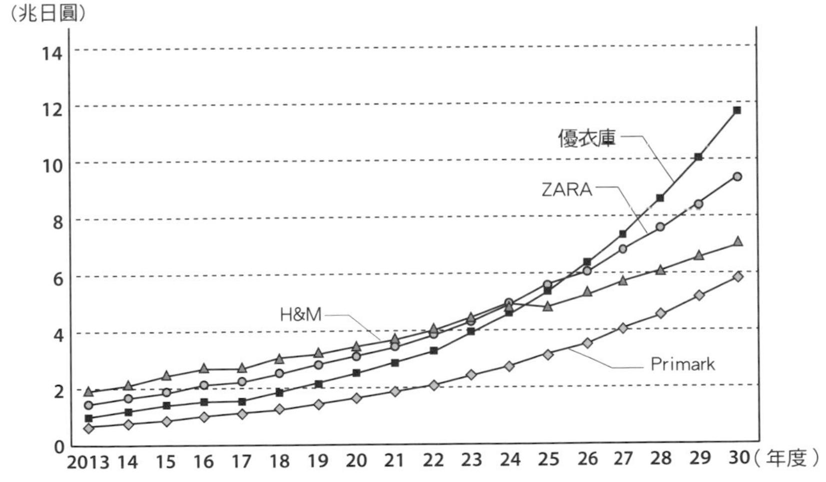

① 企業別營業額預測

按照成長的步調前進，我想迅銷在二〇二〇年就能達成年營收三兆日圓的目標。

預期不變的話，二〇二二年迅銷的年營收可達到四兆日圓，甚至能擠下H&M，成為世界第二。到二〇二九年更可望超越英德斯，躍居世界第一。

② 企業別營業額預測

照著成長速度來看，優衣庫如前面提到，可望在二〇二二達到年營收三兆日圓的目標。翌年即可超越H&M，與ZARA在服飾產業中成為世界第一的自有品牌（store brand）。再過幾年，優衣庫就會和H&M拉大差距，躋身世界第二，二〇二六年還有可能超越ZARA，成為世界第一的服飾品牌。

依照我的預測來看，優衣庫在二〇二六年就可以成為世界第一的服飾品牌，年營收更可達到六兆二千四百億日圓。以線上購物平台營收必須有三〇%來看，單一門市的營業額至少要有十億日圓，如此預估要有四千三百六十家門市才足以達成，門市數量將是現階段的二．三倍；也就是說每年至少要拓展二百七十家門市，才有機會達成這個目標。

以新興國家發展為中心，全世界都在倡導永續經營的概念，每個企業真能如預期般成長嗎？環境不斷在變化，其實對每一企業個體的預設，都有可能不如預期。

優衣褲、ZARA這二大世界級品牌的壯大與消長，未來又會如何發展呢？服裝產業的勢力版圖究竟又會變成什麼模樣？我想與諸位讀者一同拭目以待。

後記

感謝各位讀完本書。

我在書中介紹了世界第一的服飾王國—西班牙ZARA的英德斯集團，以及緊追在後、目前世界排名第三、立志將戰場從本土拓展至全世界，來自日本的優衣庫及其母公司迅銷集團，分別就他們的經營思維、商業模式、市場戰略、商品管理、人才培育，以及未來展望做了大篇幅的介紹。

二〇一四年本書初版上市後，我持續以專家顧問的角度關注這兩大品牌海內外的發展。我發現，在歐洲及亞洲喜歡ZARA的人變得更多了；在中國和東南亞方面，優衣庫的集客力更有顯著的成長。

以銷售規模來看，目前市場上還有H&M、GAP等品牌搶食大餅，競爭可說非常激烈。但在流行趨勢，以及基本款和CP值方面，ZARA和優衣庫算是各擁一方天地、無人能出其右。這兩大品牌的未來發展不容市場小覷，我可以很確定的說。

本書也觸及到近十年來市場環境發生的重大變革，甚至還出現了新的競爭型態。

以英國為中心、在歐洲市場擴大版圖，打出更低價格的快時尚品牌不只有Primark一家。隨著購物環境及消費習慣的改變，品牌的競爭也不再侷限於門市之間，線上購物平台才是新的戰場。

英國時裝及零售線上平台ASOS、中國最大的線上交易平台阿里巴巴、日本最具人氣的購物網站ZOZOTOWN，都正持續擴大發展中。近年來亞馬遜線上的服飾銷售毛利率及購買率大幅提高，在線上購物這一戰，亞馬遜也正以虎視眈眈之姿，爭搶市場大餅。

此外，消費者選購服裝，不再只會選擇專賣服飾的大型品牌，線上平台也有許多個人賣場，以及提供租賃服務的商城，有這樣需求的顧客也愈來愈多了。

近年來科技發展突飛猛進，獲益最大的不是一般企業，而是每一位擁有智慧型手機的消費者們。

保有商業優勢非常重要，對企業來說，如何及時為早一步掌握最新資訊的每一位顧客提供最完善的服務，就是決定優勢的勝敗關鍵。

優衣庫及ZARA嗅覺敏銳，深知消費者喜好及市場變化，從未來發展來看，我認為他們已掌握了主導權。日後，這兩大企業的發展模式及未來動向，也能成為其他零售業借鏡的模範。

此外，大環境的變化不僅只有市場而已。企業為了成長發展，在門市及相關工作場所都必須要打造良好的勞動環境，不僅維持企業形象，也能兼顧消費者的感受。快時尚生產過度，耗費太多天然資源，也產生了大量的廢棄物，就環境保護的角度來看，屢屢飽受抨擊。因此，在消費快時尚的同時兼顧地球環境保護，對企業、對消費者而言都是不得不面對的課題。

優衣庫和ZARA都是具集團規模的大企業，在以永續發展為目標的同時，不能只考量如何壯大，對集團的利益相關者（stakeholder）、地球生態環境都必須抱持著一份社會責任。

最後，我想藉此機會對以下諸位致上最深的謝意。惠予本書出版機會的日本經濟新聞出版社，以及出版之際給予我及本書寶貴意見的雨宮百合子小姐、宮本文子小姐。還有在二〇一四年對我提出的採訪請求，馬上慷慨允諾的英德斯集團公關部全員，最後是幫助我完成訪談事宜的優衣庫與ZARA前員工們，謝謝你們。

致上最誠摯的感謝

齊藤孝浩

二〇一八年六月

UNIQLO 和 ZARA 的熱銷學（修訂版）

快時尚退燒，看東西兩大品牌的革新與突破

作者	齊藤孝浩
譯者	林瓊華
商周集團榮譽發行人	金惟純
商周集團執行長	郭奕伶
視覺顧問	陳栩椿
商業周刊出版部	
總編輯	余幸娟
責任編輯	林雲、徐榕英、涂逸凡
協力編輯	洪碧娟
封面設計	走路花工作室
內頁排版	廖婉甄
出版發行	城邦文化事業股份有限公司 商業周刊
地址	104 台北市中山區民生東路二段 141 號 4 樓
傳真服務	(02) 2503-6989
劃撥帳號	50003033
戶名	英屬蓋曼群島商家庭傳媒股份有限公司城邦分公司
網站	www.businessweekly.com.tw
香港發行所	城邦 (香港) 出版集團有限公司 香港灣仔駱克道 193 號東超商業中心 1 樓 電話：(852)25086231 傳真：(852)25789337 E-mail：hkcite@biznetvigator.com
製版印刷	中原造像股份有限公司
總經銷	聯合發行股分有限公司　電話：02-2917-8022
修訂初版 1 刷	2020 年 02 月
定價	380 元
ISBN	978-986-7778-96-3(平裝)

國家圖書館出版品預行編目 (CIP) 資料

UNIQLO 和 ZARA 的熱銷學 (修訂版)：
快時尚退燒，看東西兩大品牌的革新與突破 / 齊藤孝浩著；林瓊華譯 . -- 修訂初版 . -- 臺北市：城邦商業周刊 , 民 109.02
面； 公分
譯自： ユニクロ対 ZARA
ISBN 978-986-7778-96-3(平裝)

1. 服飾業 2. 商業管理 3. 行銷策略

488.9 108022359

金商道

The positive thinker sees the invisible, feels the intangible,
and achieves the impossible.

惟正向思考者，能察於未見，感於無形，達於人所不能。 —— 佚名